어린이 새 비교 도감

서로 닮은 새를 쉽게 구별할 수 있어요

글·사진 서정화 | 그림 류은형

진선아이

머리말

어린 시절 새가 좋아 무작정 쫓아다니다 우연히 만난 새가 있었어요. 물총새였지요. 그 당시 무슨 새인지도 모르고 보았던 큰 부리와 화려한 깃털이 어린 저에게 큰 여운을 남겼어요. 그때에는 새와 관련된 책이 하나도 없던 시절이어서 물총새란 이름도 한참이 지난 후에 알았어요. 그렇게 물총새를 만난 지도 벌써 30여 년이 되었네요.

삼면이 바다로 이루어져 있고 뚜렷한 사계절이 특징인 우리나라는 텃새, 나그네새, 여름철새, 겨울철새 등 계절마다 다양한 새가 찾아와요. 봄에는 새들의 합창 소리를 산과 숲 어디서든 들을 수 있고, 여름의 시작을 알리는 연초록색 물결 사이로 새들은 알을 품고 갓 깨어난 새끼들에게 먹이를 주기 위해 바삐 움직여요. 가을이 오면 가을 소풍 나온 유리딱새 한 마리가 나뭇가지에 앉아 단풍을 구경하고, 겨울에는 추운 겨울을 따뜻하게 보내기 위해 찾아온 두루미 가족이 흰 눈밭에서 즐거운 시간을 보내요.

《어린이 새 비교 도감》은 '까치와 까마귀', '독수리와 매'처럼 비슷한 모습의 새를 사진으로 자세히 비교하면서 비슷한 점과 다른 점을 찾아 올바로 구별하도록 도와줘요. 머리, 부리, 몸, 날개, 꼬리 등 새의 형태를 비교하면서 새의 특징과 생태를 자연스레 배우고 관찰할 수 있어요. 작은 생명이 자라 날개를 펴고 하늘을 나는 모습을 한 컷 한 컷 사진에 담았어요. 이 책을 보는 많은 어린이가 자연을 아끼고 새를 사랑하는 친구가 되었으면 좋겠어요.

2015년 늦가을 서정화

차례

이렇게 활용하세요

❶ 모습이 서로 닮은 두 마리 새의 특징을 글과 사진으로 확인하세요.

❷ 두 마리 새의 전체적인 모습을 꼼꼼히 비교하여 살펴보세요.

❸ 두 마리 새의 부리, 날개, 꼬리 등을 비교하면서 공통점과 차이점을 찾아보세요.

❹ 공원이나 들, 숲에서 만난 새의 이름을 찾고 비슷한 새를 구별해 보세요.

❺ 여러 새를 관찰하면서 각 부분의 기본적인 구조도 살펴보세요.

❻ 계절에 따라 찾아오는 새가 달라요. 어느 계절에 볼 수 있는 새인지 부록에서 찾아보세요.

까치와 까마귀

까치는 공 모양,
까마귀는 밥그릇 모양의
둥지를 만들어요!

예로부터 까치가 울면 반가운 손님이 온다고 여겼어요.
까치는 몸 색깔이 선명한 흰색과 검은색이고 꼬리가 길어요.
까마귀는 몸 전체가 검은색이고 까치보다 몸집이 커요.

비교해 보세요

① 둥지가 달라요

까치의 둥지는 둥근 공 모양에 출입구가 있고,
까마귀의 둥지는 공을 반으로 잘라 놓은 모양이에요.

② 몸 색깔이 달라요

까치의 몸은 검은색이고 날개 위쪽과 배가 흰색이고,
까마귀는 몸 전체가 검은색이에요.

둥지
까치가 전신주에
둥지를 틀기도 해서
종종 정전 사고가 나요.

머리
둥그스름하고 깃털에
윤기가 있어요.
날개
넓고 둥글어서 날아갈 때는
부채처럼 활짝 펴져요.
꼬리
푸른색 광택이 있고
몸과 길이가 비슷해요.
부리
단단한 검은색 부리는 다양한
먹이를 가리지 않고 먹어요.
발
튼튼한 발로 땅바닥에서
먹이를 찾아요.
까치

까치는…

'깍깍' 하고 울어요. 농촌과 도시 주변에서 다양한 먹이를 먹으며 무리 생활을 해요. 다리가 튼튼하고, 두 다리를 모아 깡충깡충 뛰기도 해요.

까마귀는…

'까악' 하고 울어요. 몸 전체에 검은색 깃털이 있어요. 강가나 하천 변에서 먹이를 찾아요. 돌을 뒤집어 먹이를 찾는 능력이 있는 지혜로운 새예요.

③ 꼬리 모양이 달라요

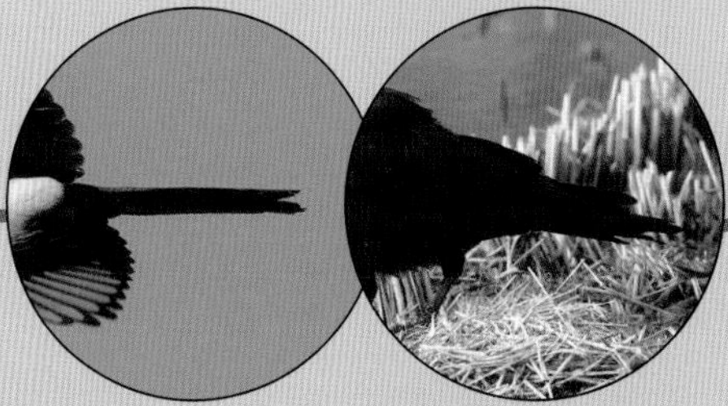

까치의 꼬리는 길고,
까마귀의 꼬리는 까치보다 짧아요.

④ 무리 생활을 해요

까치와 까마귀는
무리 지어 생활해요.

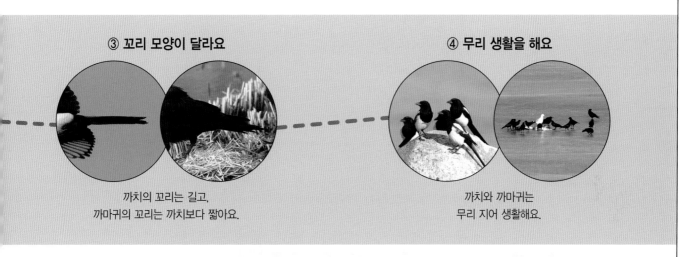

머리
둥그스름하고
검은색이에요.
부리
단단하고 두꺼운
검은색 부리가 있어요.
날개
넓고 둥글어요.
꼬리
광택이 적고
몸에 비해 짧아요.
우와! 까마귀는
정말 새까맣네!
까마귀
발
튼튼해서 나뭇가지에
오래 앉아 있을 수 있어요.

백로와 두루미

두루미는 한쪽
다리로 서서
잠을 자요.

하얀색 깃털이 빛나는 백로는 번식을 하기 위해 여름에 찾아오는 여름철새이고,
빨간색 모자를 쓴 것 같은 두루미는 추운 겨울에 볼 수 있는 겨울철새예요.
긴 목과 긴 다리를 가진 것은 비슷하지만 만나는 시기가 달라요.

비교해 보세요

① 머리 색깔이 달라요

백로의 머리는 흰색이고,
두루미의 머리는 흰색 바탕에 빨간색 무늬가 있어요.

② 나는 모습이 달라요

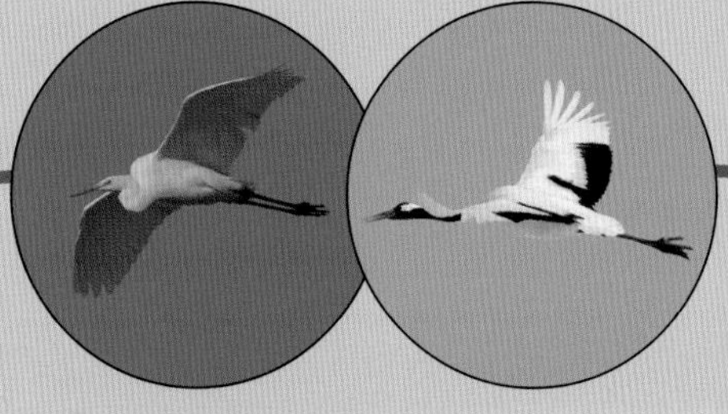

백로는 목을 접고 날고,
두루미는 목을 쭉 뻗고 날아요.

어린 모습
어미로부터 독립해
물고기 사냥을 해요.
부리
봄에는 검은색이고,
여름 이후에는
노란색으로 변해요.
몸
등에 흰색
장식깃이 있어요.
꼬리
흰색이고 짧아서
보이지 않아요.
다리
검은색이고 길어서
물속을 걸으면서 사냥해요.
백로

백로는…

하천이나 저수지 주변에서 긴 목과 긴 부리로 물속 물고기를 사냥하는 선수예요. 백로는 5월부터 7월 사이에 여러 종이 함께 마을 뒷산에서 알을 낳아요.

두루미는…

'학'이라고도 불러요. 작은 무리를 이루며 넓은 논에서 바닥에 떨어진 벼 낟알을 먹어요. 간혹 물가로 날아가 물을 먹거나 물고기를 잡아먹기도 해요.

③ 만나는 시기가 달라요

백로는 여름에 볼 수 있는 여름철새이고,
두루미는 겨울에 볼 수 있는 겨울철새예요

④ 어린 새의 모습이 달라요

어린 백로는 등에 장식깃이 없고,
어린 두루미는 머리에 빨간색 무늬가 없어요.

학춤

마음에 드는 짝을 만나면
짝짓기 춤을 춰요.

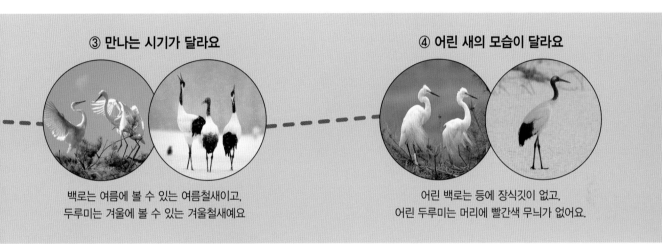

부리
회색이며 색이 일 년 내내 변하지 않아요.
날개
날갯깃의 앞쪽은 흰색이고 뒤쪽은 검은색이에요.
꼬리
흰색이고 짧아요.
다리
땅에서는 잘 걷지만 나뭇가지에는 앉지 않아요.
두루미

독수리와 매

독수리는 새 중에서
몸집이 가장 커요!

독수리는 우리나라에서 몸집이 가장 큰 새이고, 겨울에 볼 수 있는 겨울철새예요. 매는 가장 빠른 새이고, 사계절 내내 볼 수 있는 텃새예요. 독수리와 매는 뾰족하고 날카로운 부리와 튼튼한 발톱을 가지고 있는 맹금류예요.

비교해 보세요

① 부리 모양이 비슷해요

독수리의 부리는 끝이 뾰족하고 날카롭고,
매의 부리는 끝이 뾰족하고 이빨 모양의 돌기가 돋아 있어요.

② 배 무늬가 달라요

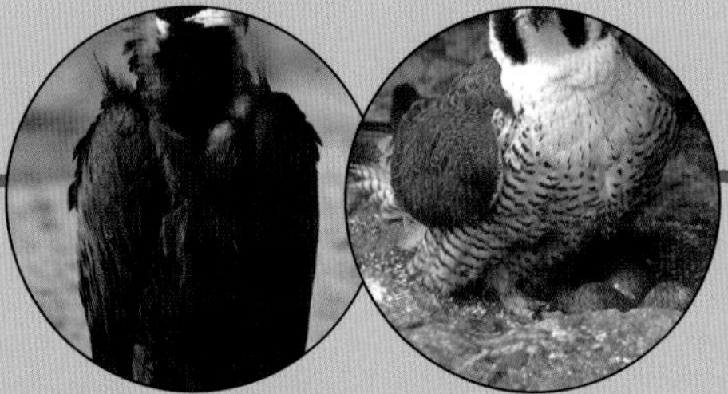

독수리의 배는 진갈색이고,
매의 배는 흰색 바탕에 검은색 줄무늬가 있어요.

사는 곳

먹이 활동을 끝내고
해질 무렵, 나뭇가지에
모여 잠을 자요.

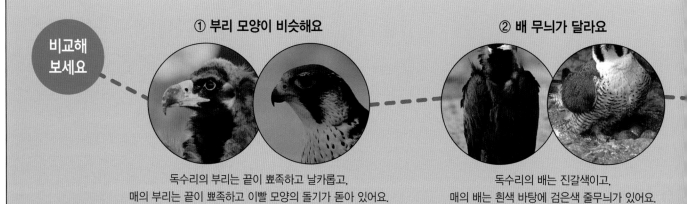

머리
진갈색이에요.
부리
굵고 날카로우며 끝이 아래로
굽어 무엇이든 찢어 먹어요.
몸
무늬가 없는 갈색이에요.
날개
양 날개의 길이가
240cm 정도로 길어요.
발
날카로운 발톱으로
낚아채면 놓치지 않아요.

독수리

독수리는…

넓은 농경지 주변에서 겨울을 지내고 죽은 동물의 사체를 먹어요. 다른 새보다 후각이 매우 발달되어 있어 쉽게 먹이를 찾아요.

매는…

무인도에서 번식을 하고 번식이 끝나면 넓은 간척지 주변에서 겨울을 지내요. 주로 날아가는 새를 날카로운 발톱으로 사냥하는 새 사냥의 선수예요.

③ 몸길이가 달라요

독수리 몸길이는 110cm 정도이고,
매의 몸길이는 50cm 정도예요.

④ 먹이가 달라요

독수리는 죽은 동물을 먹고,
매는 살아 있는 동물을 사냥해 먹어요.

어린 모습
스스로 먹이를 찾기 위해
사냥감을 지켜보고 있어요.

머리
진회색이에요.

부리
날카로워서 먹이를
잘게 찢어 먹어요.

날개
날개 끝이 뾰족하고
폭이 좁아 빠르게 날아요.

몸
흰색 바탕에
검은색 줄무늬가 있어요.

발
날카로운 발톱으로
날아가는 새를 잡아요.

매

물닭과 뿔논병아리

물닭과 뿔논병아리는
모두 잠수를 잘해요.

물닭은 몸이 통통하고 검은색이며, 부리는 흰색인 텃새예요. 뿔논병아리는 여름깃과 겨울깃이 다르고, 주변을 경계할 때 머리 깃을 뿔처럼 세워요. 깃털 색깔과 먹이가 다르지만 둘 다 잠수할 수 있어요.

비교해 보세요

① 부리가 달라요

물닭의 부리는 두껍고 흰색이고,
뿔논병아리의 부리는 길쭉하고 갈색이에요.

② 몸 색깔이 달라요

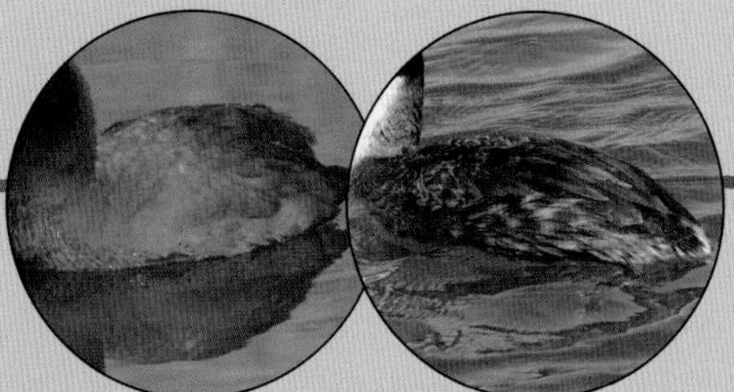

물닭의 몸은 진회색이고,
뿔논병아리의 몸은 흰색과 갈색, 검은색이 섞여 있어요.

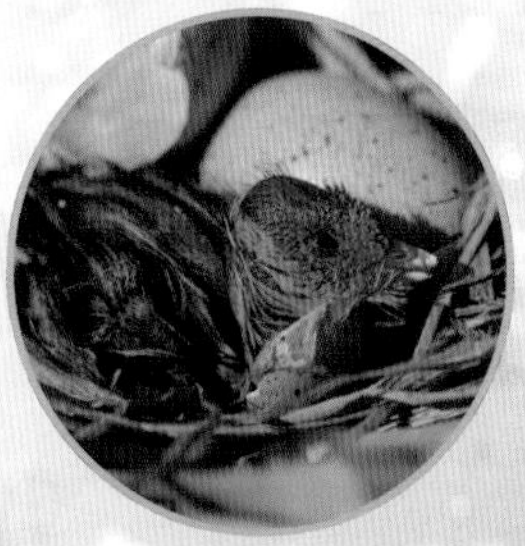

어린 모습

알에서 갓 깨어났어요.
1~2시간이면
깃털이 말라요.

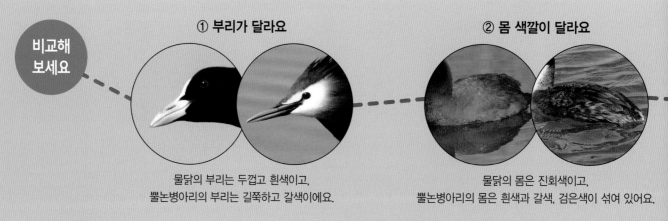

머리
동그랗고 검은색이에요.
목
짧아요.
몸
통통해요.
부리
흰색이고 이마까지
이어져요.
날개
짧고 작아요.
발
물갈퀴가 있어요.
물닭

물닭은…

큰 저수지나 강 주변의 갈대가 많은 곳에 둥지를 짓고 살아요. 먹이는 주로 물속 식물인 갈대 줄기나 물이끼를 먹어요. 간혹 수서곤충이나 물고기도 먹어요.

뿔논병아리는…

갈대가 모여 있는 강이나 호수에서 여러 쌍이 함께 번식하는 텃새예요. 둥지는 물 위에 떠 있어서 젖어 있어요. 먹이는 주로 물고기나 새우를 먹어요.

③ 머리 깃이 있고 없어요

물닭의 머리에는 머리 깃이 없고,
뿔논병아리의 머리에는 검은색 머리 깃이 있어요.

④ 목 길이가 달라요

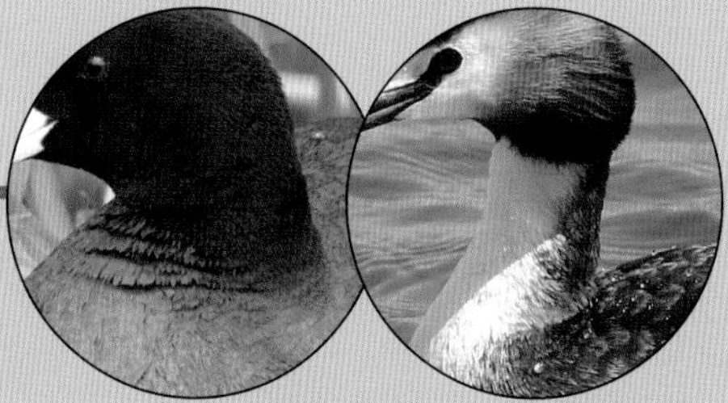

물닭의 목은 짧고,
뿔논병아리의 목은 가늘고 길어요.

겨울깃 모습

겨울에는 깃털이 완전히 다른 색으로 바뀌어요.

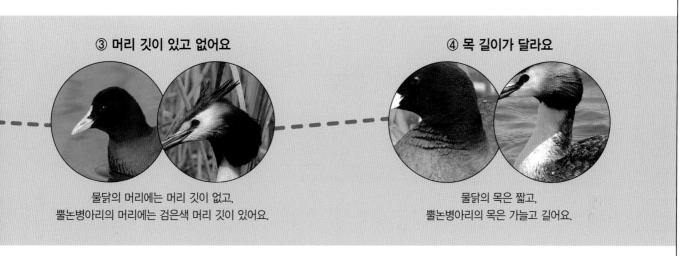

머리
검은색 머리 깃이 있어요.
목
길어요.
몸
가늘고 길어요.
날개
짧고 커요.
부리
갈색을 띤 분홍색이에요.
뿔논병아리
발
물갈퀴가 있지만 완전한 모양은 아니에요.

오목눈이와 곤줄박이

오목눈이는 나무 사이를
잘 날아다녀요.

오목눈이는 인가 주변이나 산림 지역에서 무리 지어 생활해요. 몸에 비해 꼬리가 길고, 나무 위에서 많이 볼 수 있어요. 곤줄박이는 산림이 우거진 곳에 살아요. 호기심이 많고 깃털이 화려해요.

비교해 보세요

① 부리 모양이 달라요

오목눈이의 부리는 두껍고 짧고,
곤줄박이의 부리는 가늘고 길어요.

② 눈 테두리 색깔이 달라요

오목눈이의 눈 테두리는 노란색이고,
곤줄박이의 눈 테두리는 검은색이에요.

어린 모습
둥지에 있는 새끼에게
어미가 먹이를 주고 있어요.

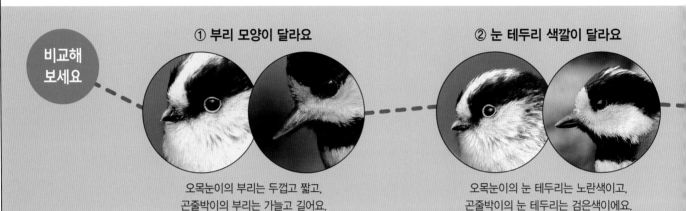

눈
눈은 검은색이고
눈 테두리는 노란색이에요.
머리
흰색 바탕에 검은색
줄무늬가 있어요.
부리
짧고 검은색이에요.
꼬리
가늘고 길어요.
오목눈이

오목눈이는…

향나무, 소나무 등 침엽수에 둥지를 많이 만들고, 간혹 관목에도 만들어요. 둥지는 지붕이 있고 출입구가 따로 있어요. 애벌레를 주로 먹고 거미도 먹어요.

곤줄박이는…

산림 지역에 있는 나무 구멍에서 번식해요. 둥지 재료는 이끼와 동물의 털, 솜 등을 사용해요. 번식기에는 곤충을 주로 먹고, 식물의 열매도 잘 먹어요.

③ 몸 색깔이 달라요

오목눈이의 몸은 흰색과 검은색이고,
곤줄박이의 몸은 회색, 주황색, 검은색 등으로 화려해요.

④ 꼬리 길이가 달라요

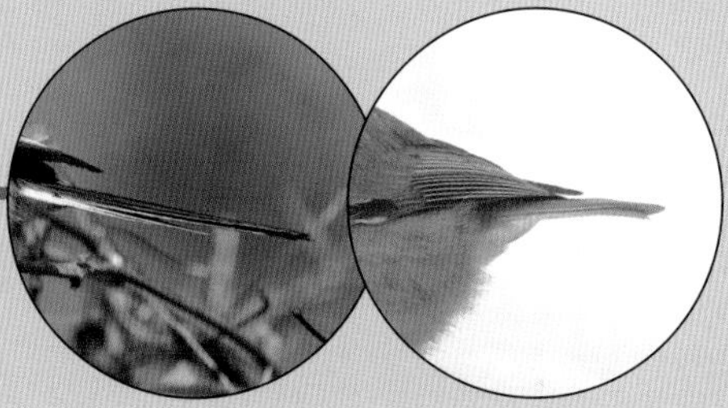

오목눈이의 꼬리는 길고,
곤줄박이의 꼬리는 짧아요.

먹이
열매도 잘 먹어요.
그중 떼죽나무 열매를
아주 좋아해요.

눈
눈과 눈 테두리가
검은색이에요.
머리
머리는 검은색이고
이마는 황색이에요.
부리
길고 검은색이에요.
곤줄박이
꼬리
짧아요.

청둥오리와 큰기러기

청둥오리는 초록빛
머리 빛깔이
멋있어요!

청둥오리 수컷의 부리는 노란색이고, 머리는 광택이 있는 녹색이에요. 다른 오리들과 무리 지어 생활해요. 큰기러기는 넓은 농경지나 간척지 주변에서 살아요. 청둥오리와 사는 곳은 비슷하지만 같이 무리를 이루지는 않아요.

비교해 보세요

① 부리 색깔이 달라요

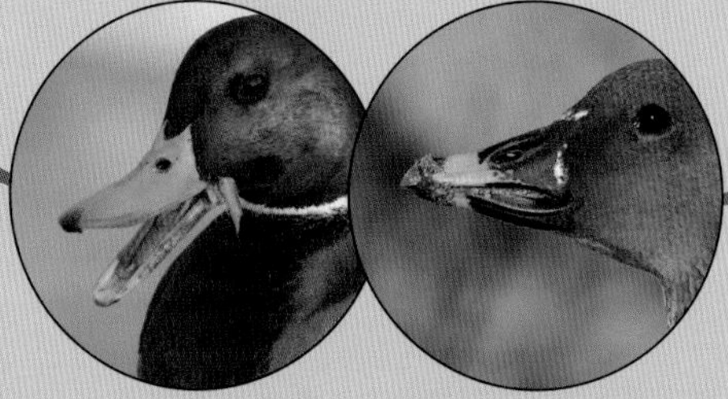

청둥오리의 부리는 전체가 노란색이고,
큰기러기의 부리는 검은색이고 끝은 주황색이에요.

② 머리 색깔이 달라요

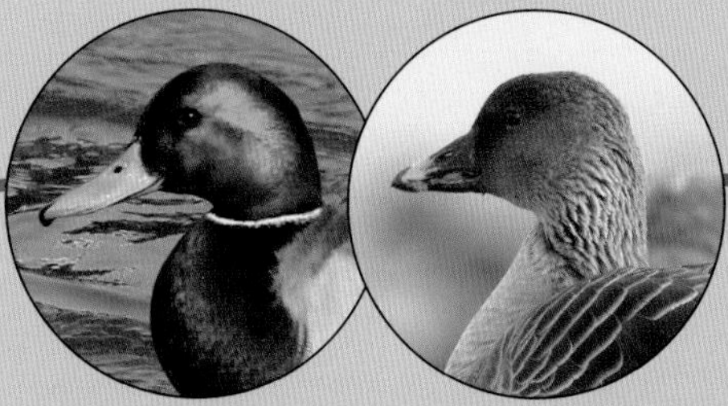

청둥오리의 머리는 녹색이고 목에 흰색 띠가 있고,
큰기러기의 머리는 전체가 갈색이에요.

암컷
대부분의 암컷 오리는 색깔이 화려하지 않고 갈색이에요.

머리
전체가 광택이 있는 녹색이에요.
날개
몸에 비해 날개가 짧아요.
부리
넓적하고 노란색이에요.
발
주황색이고 물갈퀴가 있어요.

청둥오리

청둥오리는…

하천이나 강 주변에서 수면 위에 떠서 먹이 활동을 해요. 푸른색 풀이나 물속 식물 등을 주로 먹고, 강 주변 농경지에서 벼 낟알을 먹어요.

큰기러기는…

간척지나 넓은 농경지에서 겨울을 지내요. 쉬거나 잠을 잘 때는 큰 호수나 강에서 잠을 자요. 청둥오리보다 천천히 날개짓해요. 논에서 벼 낟알을 먹어요.

③ 꼬리 모양이 달라요

청둥오리의 꼬리는 끝에 검은색 깃 2가닥이 말려 있고, 큰기러기의 꼬리는 어두운 갈색이고 끝은 흰색이에요.

④ 무리 생활을 해요

청둥오리와 큰기러기는 무리 지어 생활해요.

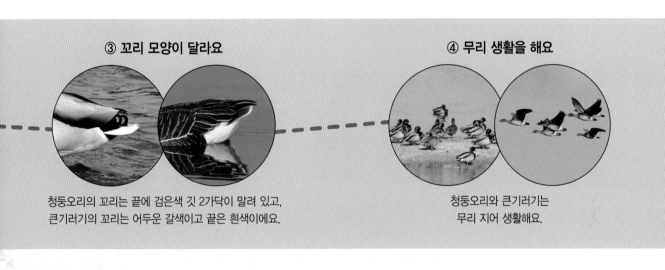

머리
전체가 갈색이에요.
부리
넓적하지 않고 검은색이에요.
끝은 주황색이에요.
날개
몸에 비해 날개가 길어 천천히 날아요.
큰기러기
발
주황색이고 물갈퀴가 있어요.
큰기러기는 몸길이가 84~90cm 정도 된대요.

멧비둘기와 뻐꾸기

멧비둘기의
붉은 눈 색깔이
정말 신기해요!

멧비둘기는 몸이 통통하지만 나는 모습은 맹금류처럼 보이는 흔한 텃새예요. 뻐꾸기는 모습보다는 소리로 먼저 알 수 있어요. '뻐꾹뻐꾹' 소리가 나는 곳을 열심히 찾으면 비둘기보다 날씬하게 생긴 뻐꾸기를 만날 수 있어요.

비교해 보세요

① 알 색깔이 달라요

큰 알만
뻐꾸기 알이에요.

멧비둘기의 알은 흰색이고,
뻐꾸기의 알은 푸른색이에요.

② 눈 색깔이 달라요

멧비둘기의 눈은 붉은색이고,
뻐꾸기의 눈은 노란색이에요.

어린 모습

가는 솜털이 빠지고
날 수 있는 깃털이 나와요.

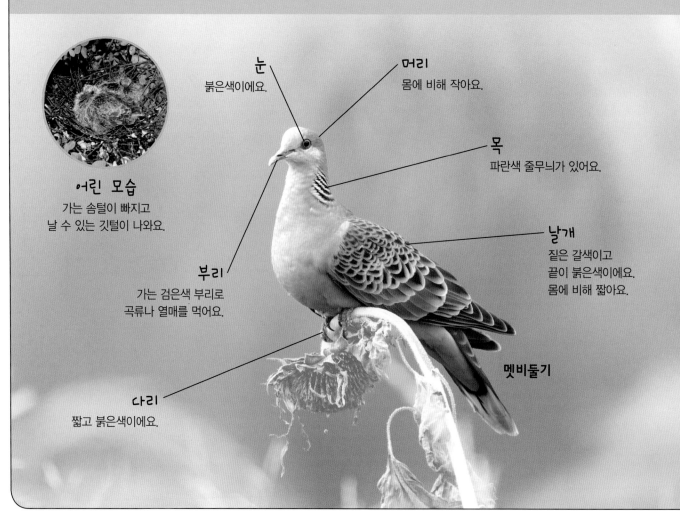

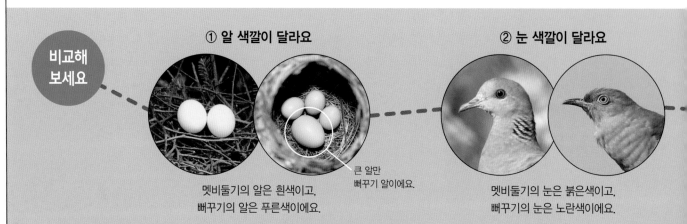

눈
붉은색이에요.
머리
몸에 비해 작아요.
목
파란색 줄무늬가 있어요.
날개
짙은 갈색이고
끝이 붉은색이에요.
몸에 비해 짧아요.
부리
가는 검은색 부리로
곡류나 열매를 먹어요.
다리
짧고 붉은색이에요.
멧비둘기

멧비둘기는…

번식기에는 암수가 같이 있는 모습이 자주 보여요. 먹이는 땅바닥에서 곡류나 열매, 씨앗을 주로 먹어요. 일 년에 여러 번 번식하고, 알은 2개만 낳아요.

뻐꾸기는…

공원이나 마을 근처에서 생활해요. 땅바닥에 자주 내려와 먹이를 찾고, 주로 곤충의 애벌레를 먹어요. 다른 둥지에 알을 낳는 습성이 있어요.

③ 배 무늬가 달라요

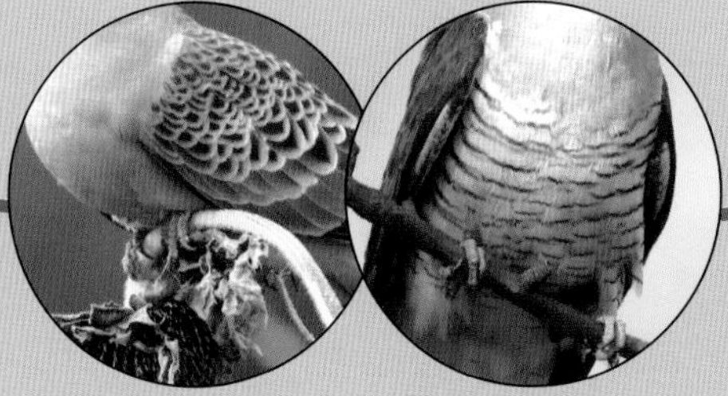

멧비둘기의 배는 황갈색이고,
뻐꾸기의 배는 흰색 바탕에 검은색 줄무늬가 있어요.

④ 몸 모양이 달라요

멧비둘기의 몸은 통통하고,
뻐꾸기의 몸은 날씬해요.

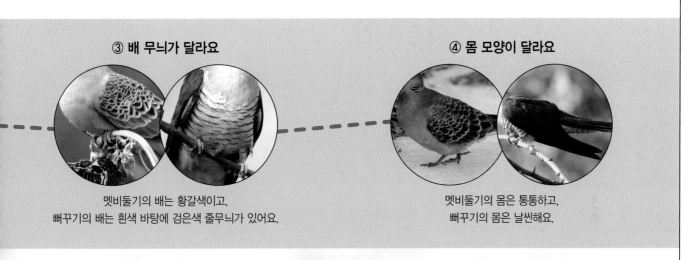

머리
몸에 비해 커요.
부리
뾰족한 검은색 부리로
애벌레를 먹어요.
눈
노란색이에요.
어린 모습
알에서 먼저 부화한 뻐꾸기
새끼는 다른 알을 밀어내요.
뻐꾸기
다리
짧고 노란색이에요.
날개
진한 회색이에요.
몸에 비해 가늘고 길어요.

방울새와 콩새

우린 부리가
너무 닮았어!

'방울새야 방울새야 쪼로롱 방-울새야' 방울새는 익숙한 동요 가사에 등장하는 새로 부리가 짧고 두껍고, 날아갈 때 양 날개의 노란색이 선명해요. 콩새는 몸이 통통하고 꼬리가 짧아요. 암수 모두 턱 밑이 검은색이며 겨울철새예요.

비교해 보세요

① 부리 모양이 비슷해요

방울새의 부리는 짧고 두툼해서 씨앗을 잘 먹고,
콩새의 부리는 크고 두툼해서 열매를 잘 먹어요.

② 눈 색깔이 달라요

방울새의 눈은 검은색이고,
콩새의 눈은 붉은색이에요.

날개
노란색과 갈색이에요.
날아갈 때 노란색이
선명하게 보여요.
부리
짧고 두툼해요.
나는 모습
양 날개에 노란색이
선명해서 눈에 잘 띄어요.
몸
날씬해요.
꼬리
갈색이고
끝이 검은색이에요.
방울새

방울새는…

평지나 농경지에서 생활해요. 주로 소나무 주변에서 번식해요. 씨앗을 즐겨 먹고, 특히 민들레 홀씨를 잘 먹어요. 겨울철에는 큰 무리를 이루어 지내요.

콩새는…

도심 공원, 마을 농경지 주변의 야산에 날아들어 식물의 씨앗을 먹어요. 도심에서는 산수유 열매와 단풍나무 씨앗을 먹어요. 작은 무리를 지어 생활해요.

③ 털 밑 색깔이 달라요

방울새는 털 밑이 연노랑색이고,
콩새는 털 밑이 검은색이에요.

④ 날개 색깔이 달라요

방울새의 날개는 노란색과 갈색이고,
콩새의 날개는 검은색과 진한 갈색이에요.

날개
검은색과 진한 갈색이에요. 날아갈 때 갈색이 선명하게 보여요.
부리
크고 두툼해요.
부리가 정말 단단해 보여!
꼬리
갈색이고 끝이 흰색이에요.
몸
통통해요.
콩새

종다리와 딱새

비비배배 노래하는
종다리는 '종달새'라고도
불러요!

종다리는 파란 하늘 위로 날아오르며 아름다운 소리를 내는 새로 유명해요. 몸 전체가 갈색이고, 긴장하면 머리 깃을 세워요. 딱새는 나무에 앉아 꼬리를 까딱까딱 흔들어요. 수컷은 화려한 깃털을 가지고 있어요.

비교해 보세요

① 알 색깔이 달라요

종다리의 알은 갈색 점무늬가 있고,
딱새의 알은 푸른색 바탕에 가는 붉은색 실무늬가 있어요.

② 날개 색깔이 달라요

종다리의 날개는 갈색이고,
딱새의 날개는 검은색이고 흰색 반점이 있어요.

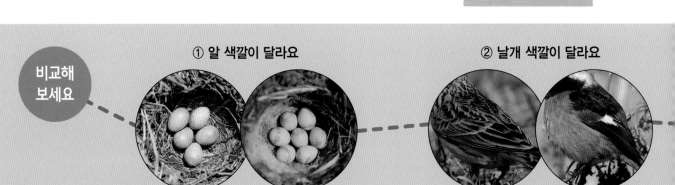

머리
검은색 줄무늬가 있어요.
부리
길고 두툼해요.
날개
갈색이에요.
종다리
발톱
뒤 발톱이 길어요.

종다리는…

하천변 풀밭이나 간척지 주변에서 생활해요. 풀밭에서 번식하고, 곤충의 애벌레나 거미 등을 먹어요. 겨울에는 무리 지어 생활하고 풀씨를 먹어요.

딱새는…

민가 근처나 공원에서 생활해요. 나뭇가지에 앉아 있다가 땅으로 내려와 먹이를 잡아먹어요. 일년에 2번 번식하고, 번식이 끝나면 홀로 살아요.

③ 다리 색깔이 달라요

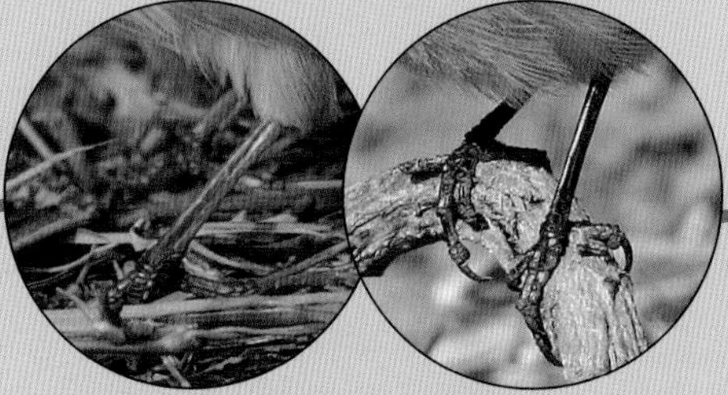

종다리의 다리는 살구색이고,
딱새의 다리는 검은색이에요.

④ 앉는 곳이 달라요

종다리는 땅바닥에 앉고,
딱새는 나뭇가지에 앉아요.

암컷
새끼에게 줄 맛있는
곤충을 찾고 있어요.

머리
회색이에요.
날개
검은색이고
흰색 반점이 있어요.
부리
짧고 가늘어요.
딱새
발톱
뒤 발톱이 짧아요.

오색딱따구리와 때까치

울창한 숲에서 '딱딱딱딱' 나무를 두드리는 새는 오색딱따구리예요.
온 숲이 울릴 정도로 큰 이 소리는 딱따구리만 낼 수 있는 소리예요.
때까치는 작지만 육식을 하는 무서운 맹금류예요. 몸에 비해 꼬리가 긴 편이에요.

알록달록~
내 색깔 멋지지?

비교해 보세요

① 부리가 달라요

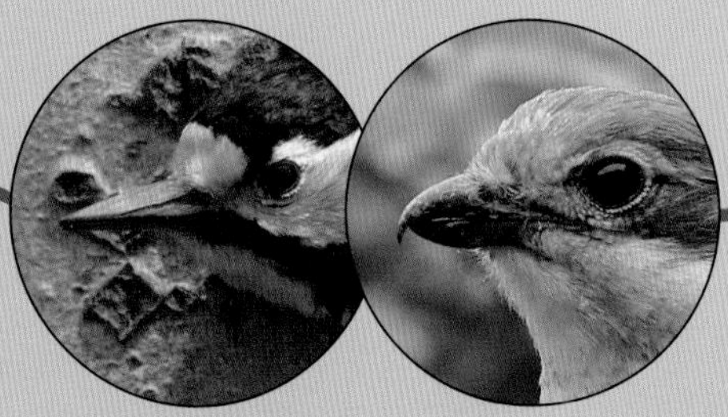

오색딱따구리의 부리는 길고 뾰족하고,
때까치의 부리는 끝이 날카롭고 갈고리처럼 아래로 구부러져 있어요.

② 배 색깔이 달라요

오색딱따구리의 아랫배는 붉은색이고,
때까치의 아랫배는 흰색이에요.

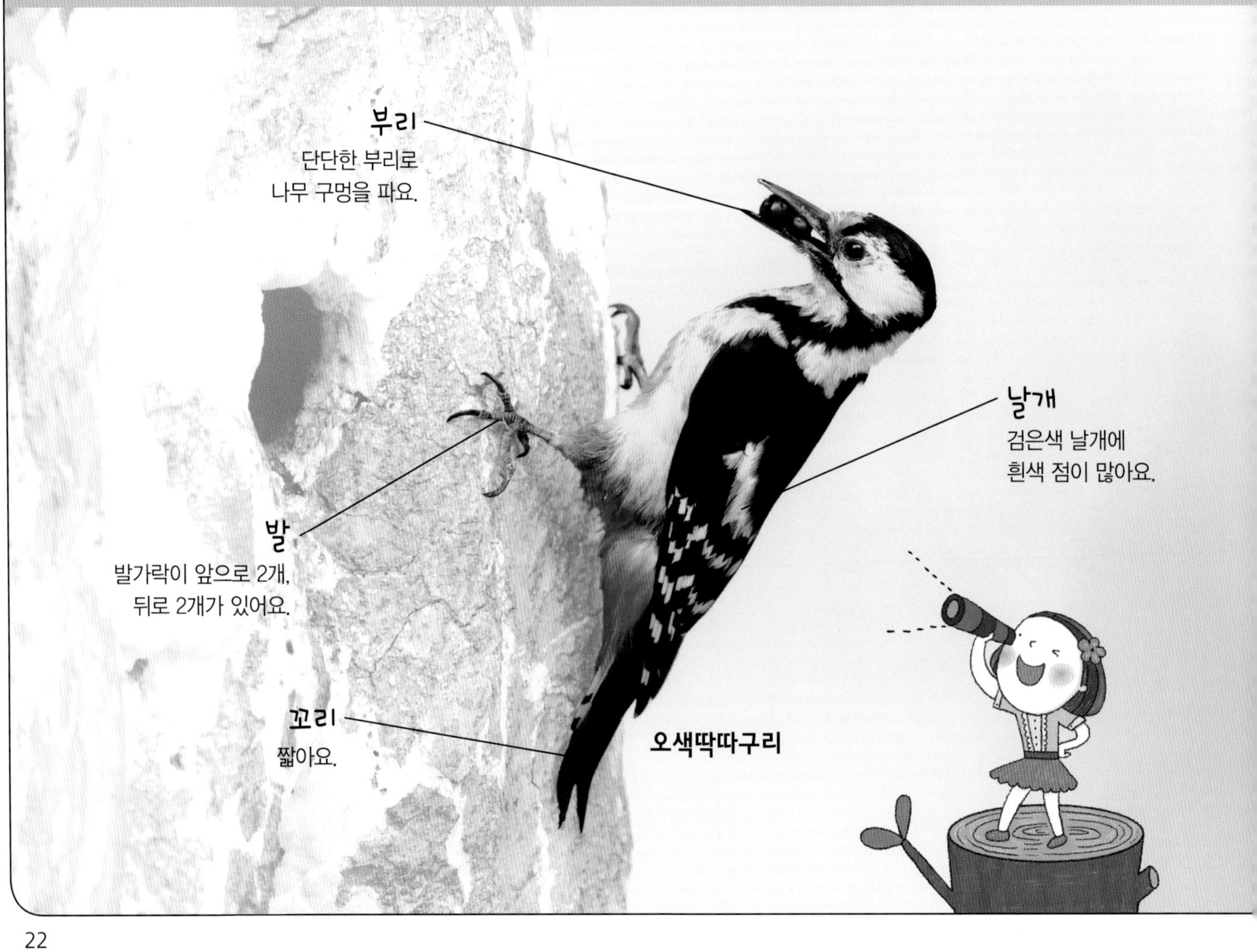
부리
단단한 부리로
나무 구멍을 파요.
날개
검은색 날개에
흰색 점이 많아요.
발
발가락이 앞으로 2개,
뒤로 2개가 있어요.
꼬리
짧아요.
오색딱따구리

오색딱따구리는…

나무 속에 있는 애벌레를 꺼내 먹는 능력이 뛰어나요. 나무에 구멍을 파서 둥지를 만들어요. 발가락이 앞으로 2개, 뒤로 2개 달렸어요. 혀도 가늘고 길어요.

때까치는…

산이 시작되는 마을 주변과 논 근처에서 생활해요. 날카로운 부리로 개구리, 들쥐, 작은 뱀 등을 잡아먹으며 육식을 하는 작은 맹금류예요.

③ 발가락 구조가 달라요

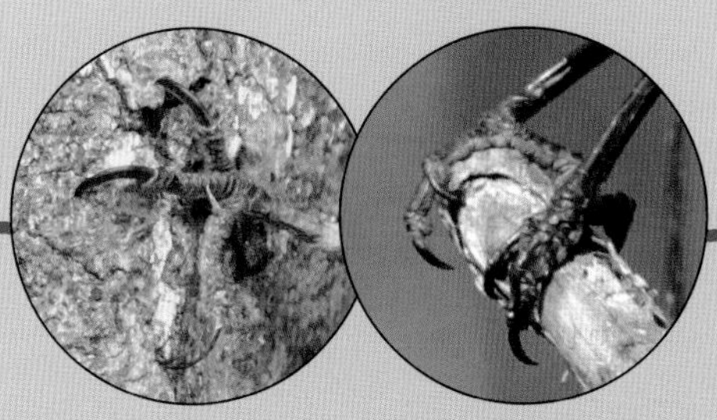

오색딱따구리의 발가락은 앞으로 2개, 뒤로 2개가 있고, 때까치의 발가락은 앞으로 3개, 뒤로 1개가 있어요.

④ 꼬리가 달라요

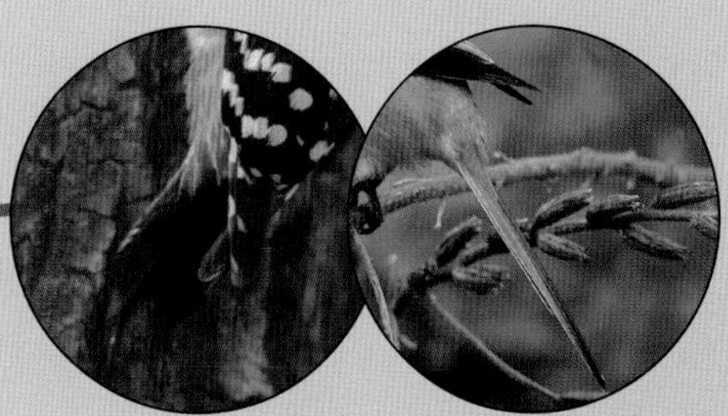

오색딱따구리는 딱딱한 꼬리로 몸을 지탱하고, 때까치의 꼬리는 딱딱하지 않아요.

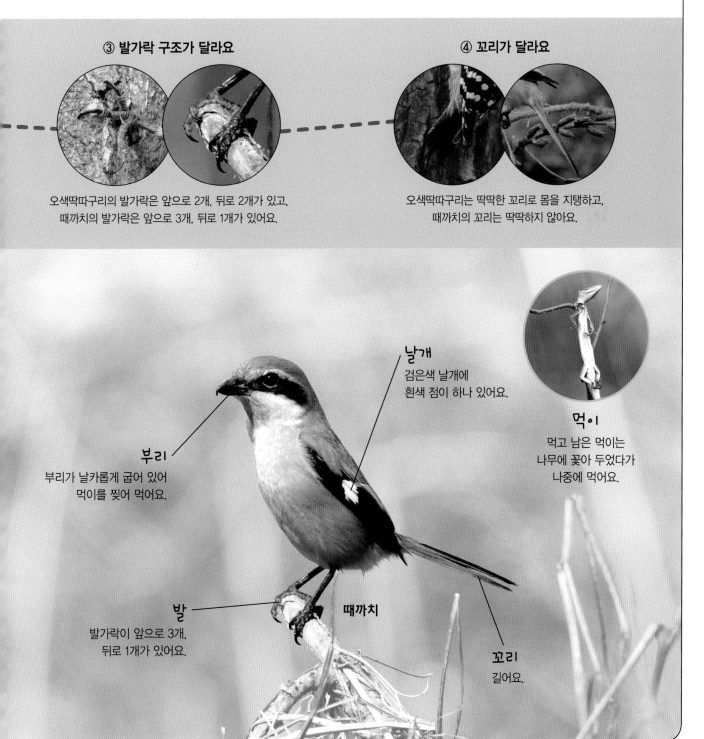

날개
검은색 날개에
흰색 점이 하나 있어요.
먹이
먹고 남은 먹이는
나무에 꽂아 두었다가
나중에 먹어요.
부리
부리가 날카롭게 굽어 있어
먹이를 찢어 먹어요.
발
발가락이 앞으로 3개,
뒤로 1개가 있어요.
때까치
꼬리
길어요.

마도요와 괭이갈매기

길쭉길쭉~
마도요 다리가 길까요?
내 다리가 길까요?

마도요는 가늘고 긴 부리와 다리를 가지고 있고, 아랫배와 허리가 흰색이에요. 여러 마리가 무리 지어 살아요. 괭이갈매기는 부리와 다리는 노란색이고, 꼬리 끝은 검은색이에요. 겨울철 바닷가 항구 주변에서 무리 지어 생활해요.

비교해 보세요

① 부리가 달라요

마도요의 부리는 길고 검은색이고,
괭이갈매기의 부리는 짧고 노란색이에요.

② 머리 색깔이 달라요

마도요의 머리는 갈색이고,
괭이갈매기의 머리는 흰색이에요.

부리
긴 부리로 게를 잡아요.
날개
바깥쪽은 갈색 줄무늬가 있고 안쪽은 흰색이에요.
꼬리
짧아요.
마도요
다리
갈색이고 길어요.
물갈퀴가 없어요

마도요는…

갯벌에서 길게 앞으로 굽은 부리를 게 구멍에 넣어 게를 잡아먹어요. 갑각류와 갯지렁이도 잘 먹어요. 봄과 가을에 우리나라 서해안 갯벌을 지나가요.

괭이갈매기는…

무인도에서 수천 마리가 함께 번식해요. 번식이 끝나면 바닷가 항구나 갯벌 주변에서 살아요. 수면 위로 떠오르는 새우 또는 작은 물고기를 먹어요.

③ 눈 색깔이 달라요

마도요의 눈은 검은색이고,
괭이갈매기의 눈은 노란색이에요.

④ 다리가 달라요

마도요의 다리는 갈색이고 물갈퀴가 없고,
괭이갈매기의 다리는 노란색이고 물갈퀴가 있어요.

날개
바깥쪽은 회색이고
안쪽은 흰색이에요.
부리
짧은 부리로 작은
물고기를 먹어요.
다리
노란색이고 짧아요.
물갈퀴가 있어요.
괭이갈매기
꼬리
짧아요.

어린 모습

둥지에 있는 새끼에게
어미가 먹이를 주고 있어요.

저어새와 황새

물속에 부리를 넣고
저으며 먹이를 찾아서
'저어새'예요.

주걱 모양의 특이한 부리를 가진 저어새는 번식기가 되면 앞가슴에 노란색 깃털이 나요. 황새는 길고 뾰족한 검은색 부리를 가지고 있고, 날개를 제외한 몸은 흰색이에요. 두 종 모두 멸종 위기 1급으로 지정된 국제 보호 종이에요.

비교해 보세요

① 부리가 달라요

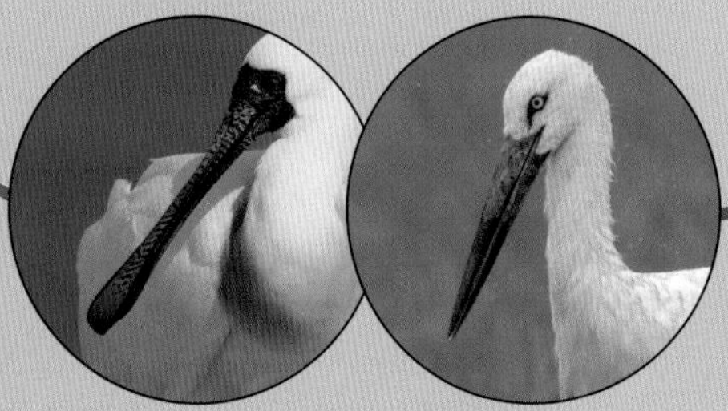

저어새의 부리는 길고 넓적하고,
황새의 부리는 길고 뾰족해요.

② 눈 색깔이 달라요

저어새의 눈은 빨간색이고,
황새의 눈은 흰색이에요.

눈
빨간색이에요.
머리
머리 깃이 있어요.
부리
넓적한 부리에
주름이 있어요.
가슴
노란색 깃털이
가을에 흰색으로 변해요.
다리
길고 검은색이에요.
저어새

저어새는…

논과 작은 하천, 갯벌에서 주걱 모양의 부리를 좌우로 휘저어 작은 물고기, 새우 등을 잡아먹어요. 괭이갈매기처럼 무인도에서 번식하는 여름철새예요.

황새는…

간척지 주변 논이나 하천에서 작은 물고기, 들쥐 등을 잡아먹고 생활하는 겨울철새예요. 경계심이 매우 강해서 접근해 관찰하기가 어려워요.

③ 머리 깃이 있고 없어요

저어새의 머리 뒤에는 머리 깃이 여러 가닥 있고, 황새의 머리에는 머리 깃이 없어요.

④ 다리 색깔이 달라요

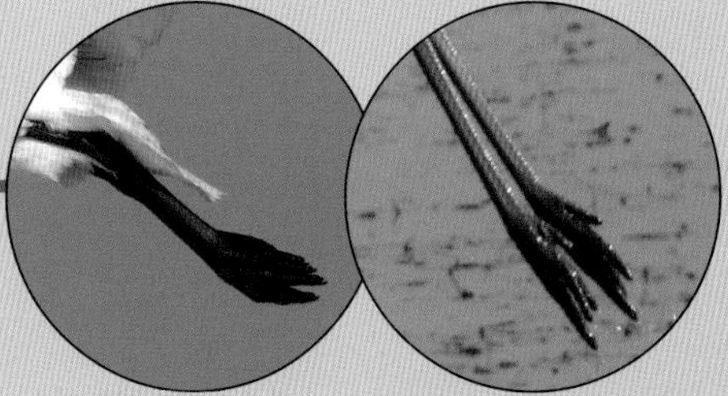

저어새의 다리는 검은색이고, 황새의 다리는 붉은색이에요.

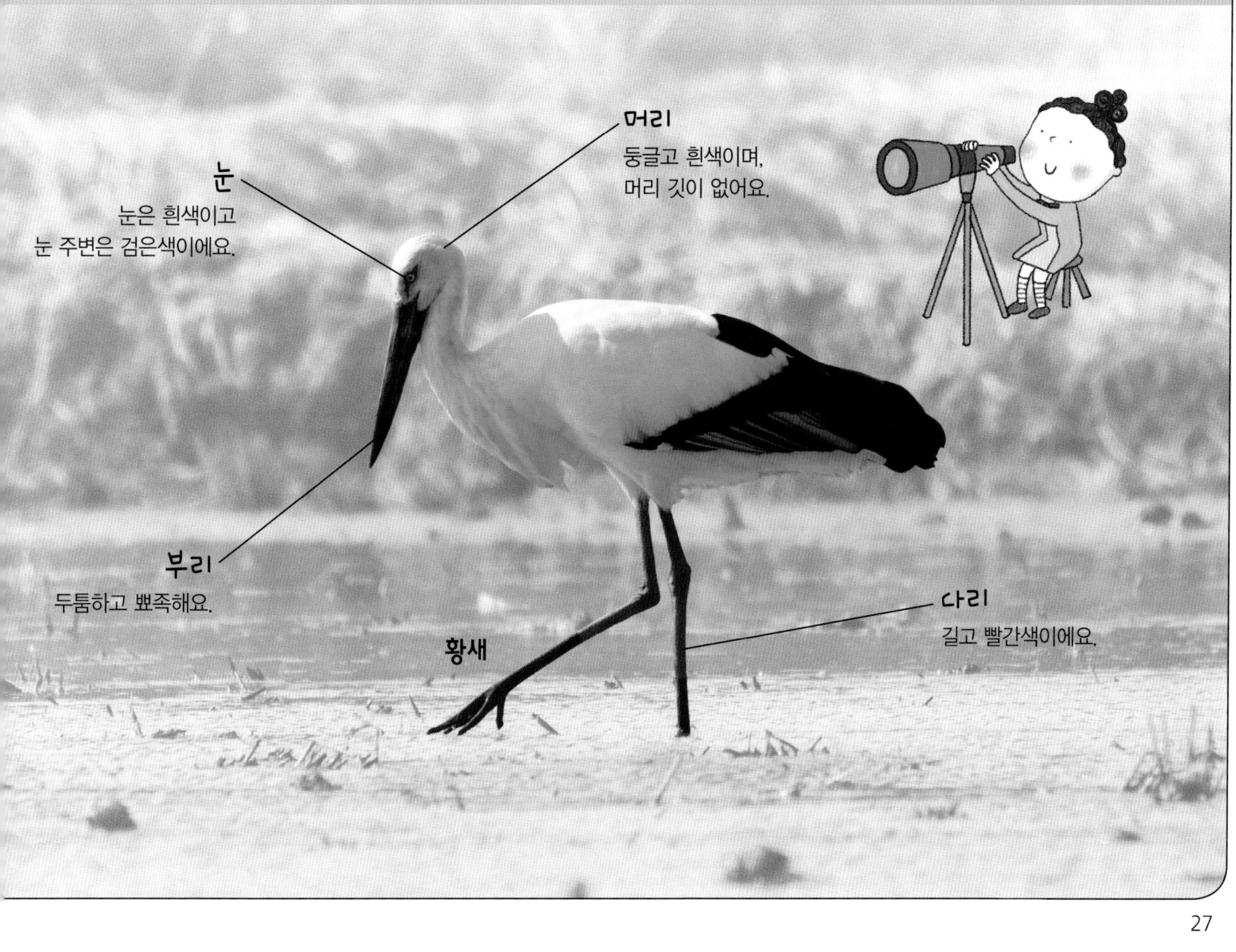
눈
눈은 흰색이고
눈 주변은 검은색이에요.
머리
둥글고 흰색이며,
머리 깃이 없어요.
부리
두툼하고 뾰족해요.
다리
길고 빨간색이에요.
황새

꼬마물떼새와 알락할미새

꼬마물떼새는 선명한 노란색의 동그란 눈 테두리를 가지고 있어요. 하천이나 자갈밭 주변에서 움직여 눈에 잘 띄지 않아요. 알락할미새는 얼굴 부분은 흰색이고 머리와 등은 검은색이에요. 우리나라에 번식하는 여름철새예요.

둘 중 어떤 새가
더 꼬리가 길까?

비교해 보세요

① 부리가 달라요

꼬마물떼새의 부리는 짧고 두툼하고,
알락할미새의 부리는 짧고 가늘어요.

② 눈 테두리 색깔이 달라요

꼬마물떼새의 눈 테두리는 노란색이고,
알락할미새의 눈 테두리는 검은색이에요.

목욕
날씨가 더운 여름에는 여러 번 목욕해서 더위를 식혀요.

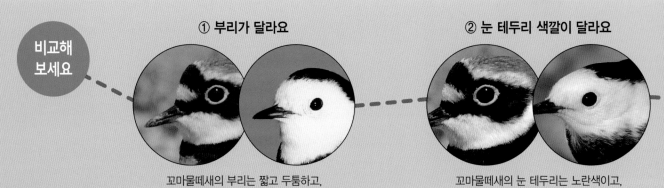

눈
눈 주변에 동그란 노란색 테두리가 있어요.
부리
검은색이고 아랫부리 안쪽은 주황색이에요. 짧고 두툼해요.
꼬리
짧고 갈색이에요.
꼬마물떼새
가슴
동그란 검은색 띠가 있어요.
배
넓고 흰색이에요.

꼬마물떼새는…

하천과 자갈밭 주변에서 작은 곤충을 먹고 살아요. 알 4개를 낳는데, 둥지 근처에 천적이 나타나면 날개를 다친 것처럼 천적을 유인해 알을 보호해요.

알락할미새는…

인가 주변 하천이나 논경지에서 바쁘게 움직여요. 물가에서 작은 곤충을 잡아먹어요. 둥지는 돌담이나 바위틈 안쪽에 만들고, 알을 4~6개 낳아 번식해요.

③ 다리가 달라요

꼬마물떼새의 다리는 두껍고 살구색이고,
알락할미새의 다리는 가늘고 검은색이에요.

④ 꼬리가 달라요

꼬마물떼새의 꼬리는 짧고,
알락할미새의 꼬리는 길어요.

눈
눈 주변에 가는 검은색 테두리가 있어요.
부리
검은색이고 짧고 가늘어요.
꼬리
길고 검은색이에요.
가슴
앞부분에 넓은 검은색 무늬가 있어요.
알락할미새
배
좁고 흰색이에요.

어린 모습

어미가 새끼에게 먹이를 주고 있어요.

참새와 멧새

참새와 멧새는
어디서든 흔히
만날 수 있어요!

큰 무리를 지어 생활하는 참새는 단단한 검은색 부리를 가지고 있어요. 턱 밑은 검은색이고, 몸은 통통해요. 멧새는 번식기에 나뭇가지 위에서 우는 모습이 자주 보여요. 몸에 비해 꼬리가 길어 날씬하게 생겼어요.

비교해 보세요

① 알 색깔이 달라요

참새의 알은 검은색 점무늬가 있고,
멧새의 알은 적갈색 실무늬가 있어요.

② 부리가 달라요

참새의 부리는 두툼하고 검은색이고,
멧새의 부리는 두툼하고 회색이에요.

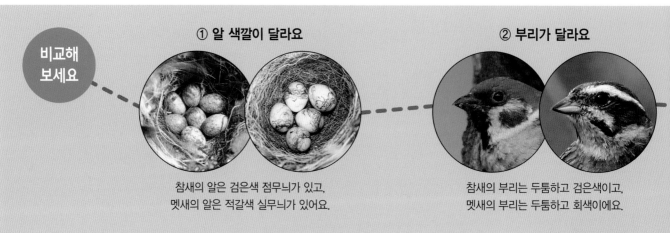

부리
두툼하고 검은색이에요.
턱
검은색이에요.
뺨
넓은 검은색
무늬가 있어요.
배
살구색이에요.
참새
무리 생활
번식이 끝나면 주변에
있는 새들이 모여
무리 생활을 해요.

참새는…

사람이 사는 곳 주변에서 생활하는 흔한 텃새예요. 곤충이나 농작물의 알곡을 먹어요. 건물 틈이나 전봇대, 신호등의 빈 공간에 둥지를 틀고 번식해요.

멧새는…

넓은 풀밭이나 농경지에서 살아요. 땅바닥이나 관목에 지푸라기로 둥지를 만들어 번식해요. 번식기에는 주로 곤충을 먹고, 겨울에는 풀씨를 먹어요.

③ 뺨 색깔이 달라요

참새의 뺨은 검은색이고,
멧새의 뺨은 적갈색이에요.

④ 턱 밑 색깔이 달라요

참새의 턱 밑은 검은색이고,
멧새의 턱 밑은 회색이에요.

부리
두툼하고 회색이에요.
뺨
적갈색 무늬가 있어요.
턱
회색이에요.
배
갈색이고 옆구리는 적갈색이에요.
멧새
내 흰색 눈썹 멋지지!

알 품기

땅바닥에 밥그릇 모양의
둥지를 만들어
4~6개의 알을 품어요.

제비와 새호리기

흥부가 제비의
다리를 고쳐
주었어요.

강남에 갔던 제비는 4월이면 돌아와 파란 하늘 여기저기를 날아다녀요. 멋진 쌍갈래 꼬리를 가지고 있고, 이마와 턱 밑이 붉어요. 새호리기는 빠르게 공중을 날아다니며 작은 새를 사냥하는 능력이 뛰어나요.

비교해 보세요

① 부리 모양이 달라요

제비의 부리는 넓고 뾰족하고,
새호리기의 부리는 날카롭고 아래로 구부러져 있어요.

② 가슴 색깔이 달라요

제비의 가슴은 흰색이고,
새호리기의 가슴은 흰색 바탕에 검은색 줄무늬가 있어요.

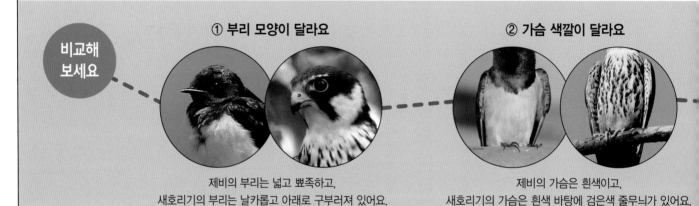

머리
머리는 검은색이고
이마는 황색이에요.
부리
뾰족하고
검은색이에요.
발
검은색이에요.
눈
눈과 눈 테두리가
검은색이에요.
제비
꼬리
가늘고 2가닥으로
갈라져 있어요.

제비는…

농경지, 하천 등에서 빠르게 날아다니며 곤충을 잡아먹어요. 인가의 처마 밑에 진흙과 지푸라기로 둥지를 만들어요. 번식이 끝나면 큰 무리를 지어요.

새호리기는…

도심에서 살아요. 둥지를 스스로 만들지 못하고 묵은 까치집을 이용해 번식해요. 빠르게 날아다니면서 곤충이나 작은 새를 잡아먹어요.

③ 발 색깔이 달라요

제비의 발은 검은색이고,
새호리기의 발은 노란색이에요.

④ 꼬리가 달라요

제비의 꼬리는 깃이 2가닥이고,
새호리기의 꼬리는 깃이 여러 개예요.

눈
눈은 검은색이고
눈 테두리는 노란색이에요.
머리
검은색이고
흰색 눈썹 선이 있어요.
부리
날카롭고 검은색이에요.
노란색 납막이 있어요.
발
노란색이에요.
어린 모습
둥지에서 어린 새끼들이
자라고 있어요.
새호리기
꼬리
넓은 깃이 여러 개
달려 있어요.

※ 납막 – 매, 수리류, 멧비둘기류 등의 부리 위를 덮고 있는 부드러운 피부예요.

박새와 동고비

우리나라 어디에서나 만날 수 있는 박새는 양 뺨에 흰색 둥근 무늬가 있고, 가슴부터 아랫배까지 검은색 줄무늬가 있어요. 동고비는 산림이 무성한 숲을 좋아하고 나무줄기를 기어오르며 먹이를 찾아요. 한 곳에 머물러 살면서 큰 소리로 울어요.

비교해 보세요

① 둥지가 달라요

박새의 둥지는 이끼와 동물의 털, 솜 등을 사용해 만들고,
동고비의 둥지는 나무의 얇은 껍질을 사용해 만들어요.

② 부리가 달라요

박새의 부리는 두껍고 짧고,
동고비의 부리는 가늘고 길어요.

어린 모습

어미로부터 독립한 어린 박새는 스스로 먹이를 찾아요.

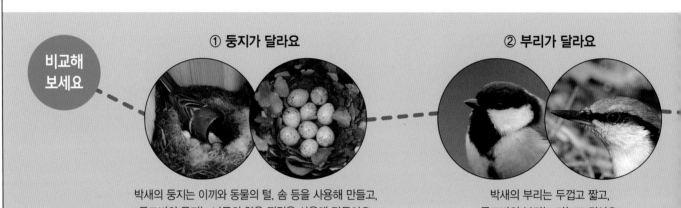

머리
머리와 턱 밑이 검은색이고 뺨에 흰색 무늬가 있어요.
배
검은색 띠가 길게 있어요.
꼬리
길고 검은색이에요.
박새
다리
길고 검은색이에요.

박새는…

산림과 도심 공원, 인가 주변 등에 폭넓게 살아요. 곤충과 식물의 씨앗을 먹어요. 나무 구멍, 딱따구리 둥지, 인공 새집 등 다양한 곳에서 살아요.

동고비는…

머리와 등은 일정한 청회색이고, 검은색 눈썹 선이 있어요. 묵은 딱따구리 둥지의 구멍 크기를 작게 만들어 그 안에서 번식하고 살아요.

③ 몸 색깔이 달라요

박새는 배에 검은색 긴 띠가 있고,
동고비는 머리부터 목까지 검은색 눈썹 선이 있어요.

④ 꼬리 길이가 달라요

박새의 꼬리는 길고,
동고비의 꼬리는 짧아요.

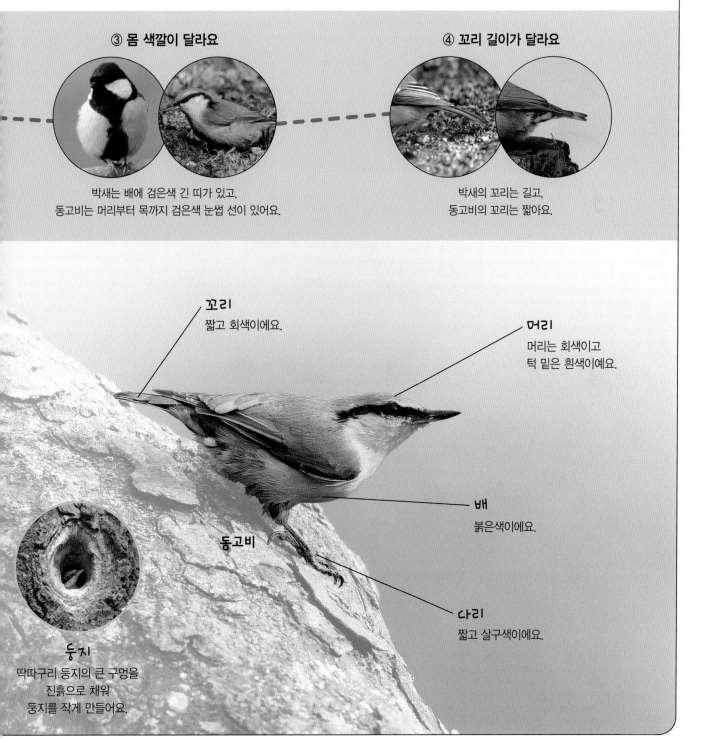

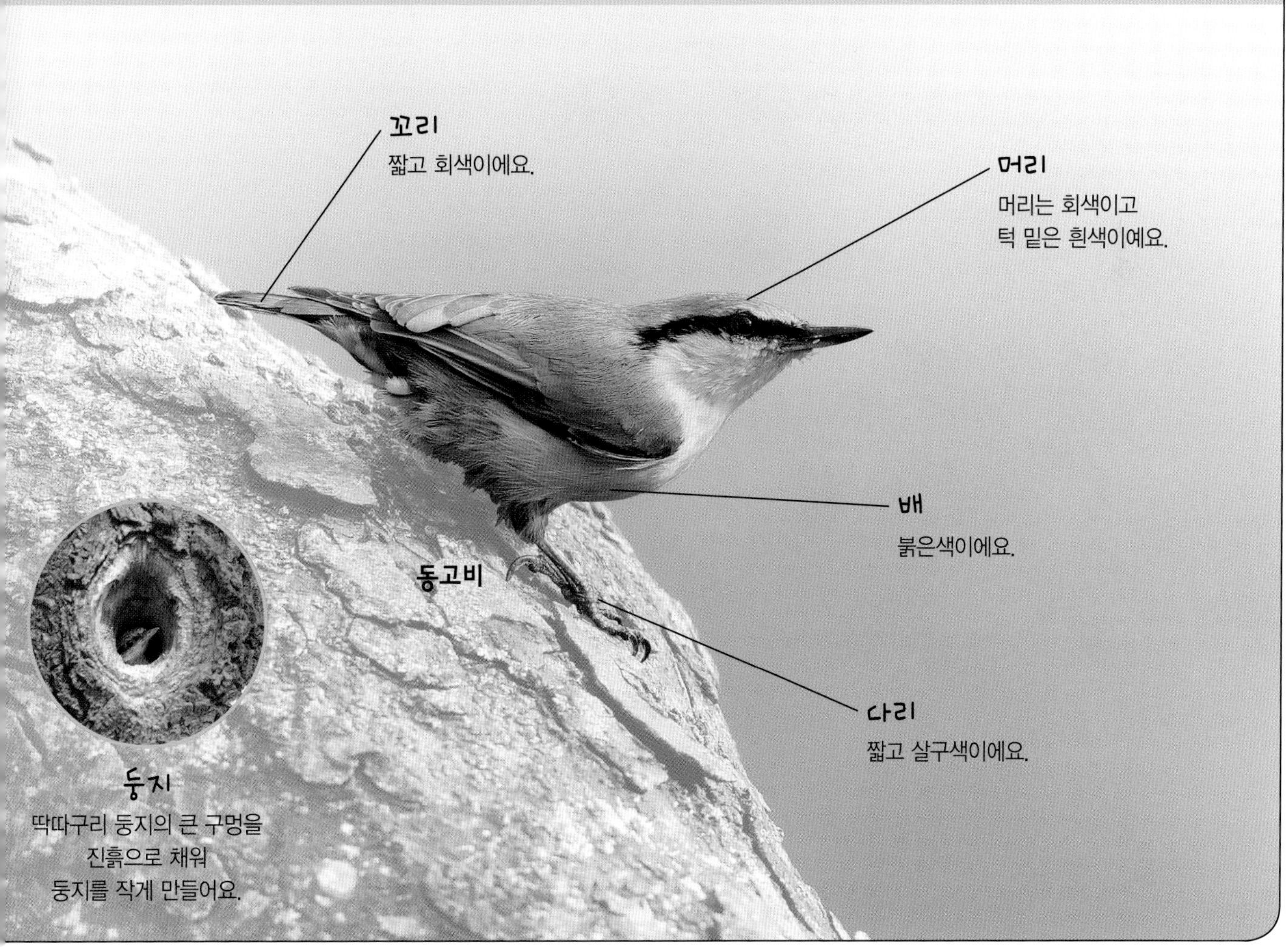

꼬리
짧고 회색이에요.
머리
머리는 회색이고
턱 밑은 흰색이예요.
배
붉은색이에요.
동고비
다리
짧고 살구색이에요.
둥지
딱따구리 둥지의 큰 구멍을
진흙으로 채워
둥지를 작게 만들어요.

해오라기와 원앙

수컷 원앙이
암컷보다
더 화려해요!

야행성인 해오라기는 아침저녁에 주로 활동하고, 낮에는 가끔 모습을 보여요. 목덜미에 흰색 댕기가 2개 있고, 눈동자는 빨간색이에요. 원앙은 무리 지어 생활해요. 수컷의 날개깃 1장이 특이한 은행잎 모양이에요. 부리는 붉은색이고, 끝이 흰색이에요.

비교해 보세요

① 부리가 달라요

해오라기의 부리는 길고 뾰족하고 검은색이고 ,
원앙의 부리는 짧고 빨간색이에요.

② 눈 색깔이 달라요

해오라기의 눈은 빨간색이고,
원앙의 눈은 검은색이에요.

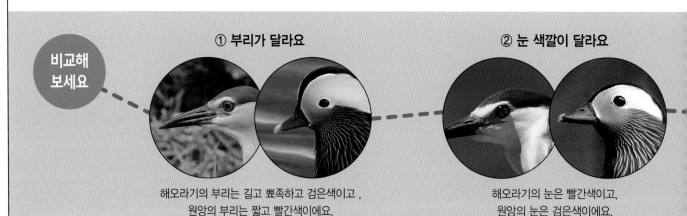

눈
빨간색이 선명해요.
머리
흰색 장식깃이
2개 있어요.
부리
뾰족하고 긴 부리로
물고기를 먹어요.
해오라기
다리
길고 노란색이에요.

어린 모습

갈색 줄무늬가 있는
어린 새는 3년이 지나면
어미 같은 깃털을 가져요.

해오라기는…

강가나 하천에 수중보가 있는 곳에서 오랫동안 움직이지 않고 있다가 물고기, 개구리 등을 잡아먹어요. 중대백로, 쇠백로 등과 함께 번식해요.

원앙은…

강, 하천, 저수지에서 무리 지어 생활하다가 번식기가 되면 산림 지역으로 날아가 나무 구멍에서 번식해요. 수서곤충, 도토리, 물속 식물, 물풀 등을 먹어요.

③ 장식깃이 달라요

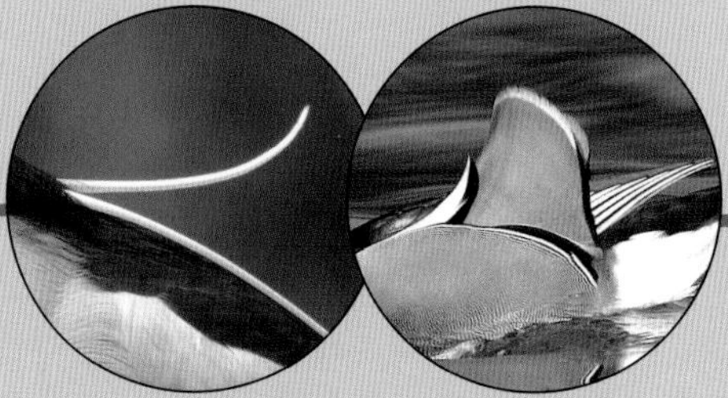

해오라기는 뒷머리에 흰색 장식깃이 있고,
원앙은 날개 중앙에 은행잎 모양의 날개깃이 있어요.

④ 다리가 달라요

해오라기는 다리가 길고 물갈퀴가 없고,
원앙은 다리가 짧고 물갈퀴가 있어요.

어린 모습
알에서 깨어난 지 3~4일 된 새끼예요. 25일이 되면 어미만큼 커져요.
날개
은행잎 모양의 날개깃이 있어요.
눈
검은색이에요.
머리
흰색, 붉은색, 파란색으로 깃털이 화려해요.
부리
짧은 빨간색 부리로 열매를 먹어요.
원앙
다리
짧고 발가락에 물갈퀴가 있어요.

황조롱이와 물수리

사냥의 명수,
물수리!

들판에서 정지 비행을 하며 땅 아래를 내려다보는 황조롱이는 날렵한 맹금류예요. 날카로운 부리와 노란색 다리가 있고, 꼬리 끝에 검은색 띠가 있어요. 물수리는 날개가 가늘고 길어요. 날카롭고 긴 부리와 발톱으로 물고기를 잘 사냥해요.

비교해 보세요

① 부리가 달라요

황조롱이의 부리는 작고 노란색 납막이 있고,
물수리의 부리는 크고 납막이 없어요.

② 눈 색깔이 달라요

황조롱이의 눈은 검은색이며 테두리는 노란색이고,
물수리의 눈은 노란색이며 테두리는 검은색이에요.

눈
눈은 검은색이고
눈 테두리는 노란색이에요.
날개
붉은색 바탕에
검은색 점무늬가 있어요.
부리
작고 노란색
납막이 있어요.
배
가슴부터 배까지
검은색 줄무늬가 있어요.
다리
노란색이에요.
황조롱이

알
스스로 둥지를 만들지 않고 까치 둥지를 이용해서 번식해요.

황조롱이는…

전에는 해안이나 산지의 바위 절벽에서 살았지만, 요즘은 도심의 까치집에서 주로 번식해요. 넓은 들판이나 하천변 풀밭에서 쥐나 곤충을 주로 잡아먹어요.

물수리는…

봄과 가을에 해안가와 하구, 하천, 습지를 통과하는 나그네새예요. 머리와 배는 흰색이고, 날개와 등은 흑갈색을 띠어요. 물고기만을 사냥해 먹어요.

③ 날개 색깔이 달라요

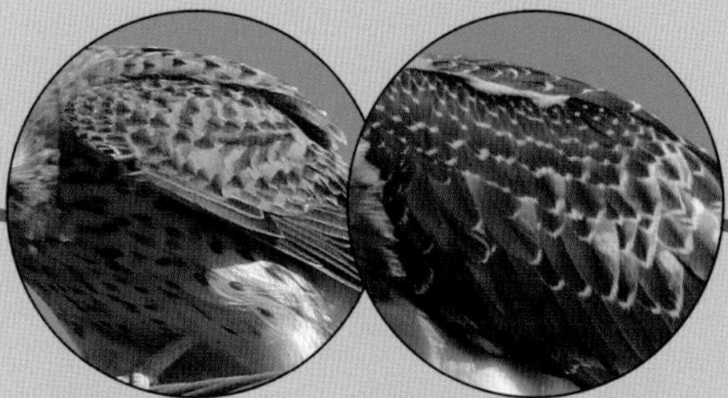

황조롱이의 날개는 붉은색 바탕에 검은색 점무늬가 있고,
물수리의 날개는 검은색 바탕에 흰색 점무늬가 있어요.

④ 다리 색깔이 달라요

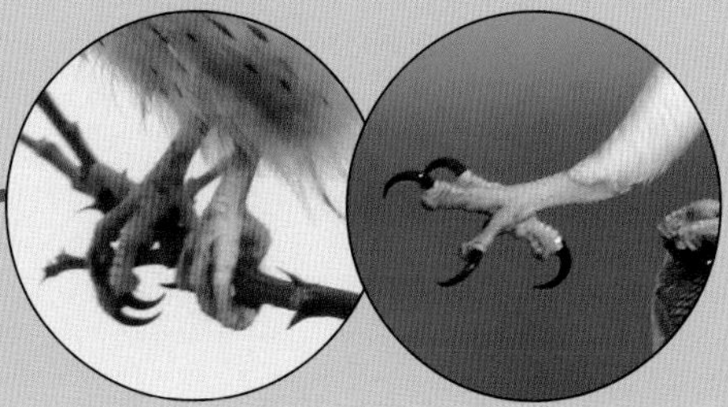

황조롱이의 다리는 노란색이고,
물수리의 다리는 흰색이에요.

날개
검은색 바탕에
흰색 점무늬가 있어요.
눈
눈은 노란색이고
눈 테두리는 검은색이에요.
부리와 발톱이
참 날카로워요!
부리
크고 납막이 없어요.
물수리
배
가슴에는 갈색 띠가 있고
배는 흰색이에요.
다리
흰색이에요.

찌르레기와 직박구리

'찌르찌르~'
찌르레기 우는
소리가 들려요.

무리 지어 생활하는 찌르레기는 매년 같은 곳을 찾아와요. 부리와 다리는 노란색이고, 얼굴 부분은 흰색이에요. 직박구리는 매우 시끄럽게 소리를 내고, 작은 무리를 이루며 살아요. 몸은 회갈색이고, 뺨은 갈색이에요. 파도 모양으로 날아요.

비교해 보세요

① 알 색깔이 달라요

찌르레기의 알은 푸른색이고,
직박구리의 알은 흰색 바탕에 검은색 점무늬가 있어요.

② 부리 색깔이 달라요

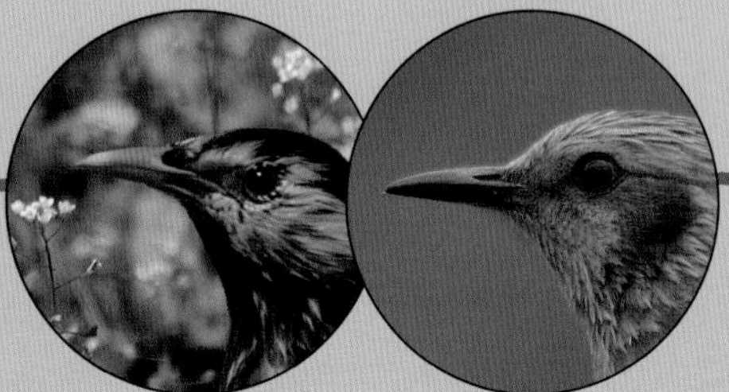

찌르레기의 부리는 주황색이고,
직박구리의 부리는 검은색이에요.

눈
검은색이에요.
뺨
흰색 무늬가 있어요.
부리
주황색이에요.
꼬리
짧아요.
찌르레기
다리
주황색이에요.

찌르레기는…

도심 공원이나 인가 근처, 농경지 주변에서 딱따구리 둥지나 나무 구멍, 인공 새집에서 번식해요. 먹이는 풀숲 사이에서 곤충을 찾아 먹어요.

직박구리는…

잎이 우거진 나무 속에서 지푸라기로 밥그릇 모양의 둥지를 만들어 번식해요. 먹이는 곤충을 먹고, 겨울에는 낙산홍, 산수유 등의 열매를 잘 먹어요.

③ 뺨 색깔이 달라요

찌르레기의 뺨은 흰색이고,
직박구리의 뺨은 진한 갈색이에요.

④ 꼬리가 달라요

찌르레기의 꼬리는 짧고,
직박구리의 꼬리는 길어요.

어치와 물까치

몰래몰래~ 어치는 밤과 도토리를 저장해요.

어치는 번식기에는 산림 지역에서 생활하다가, 번식 이후에 작은 무리를 지어 들판으로 내려와요. 다른 동물의 소리를 잘 흉내 내고, 옆구리에 푸른색이 뚜렷해요. 물까치는 일 년 내내 무리 지어 먹이를 찾아요. 머리는 검은색이고, 꼬리는 길어요.

비교해 보세요

① 머리 색깔이 달라요

어치의 머리는 적갈색 바탕에 검은색 반점이 있고,
물까치의 머리는 전체가 검은색이에요.

② 배 색깔이 달라요

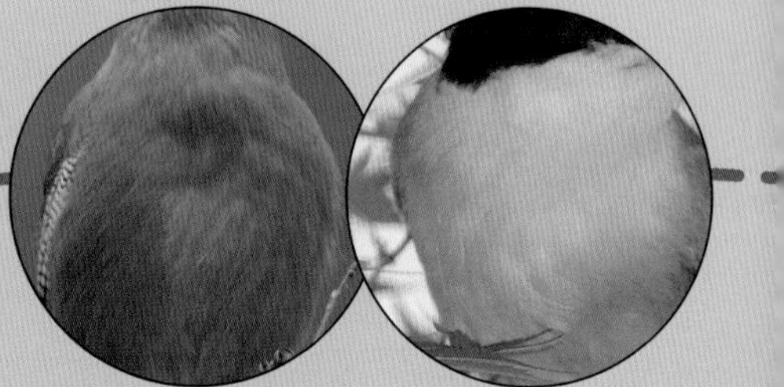

어치의 배는 갈색이고,
물까치의 배는 흰색이에요.

머리
적갈색이고
검은색 반점이 있어요.
뺨
검은색 선이 있어요.
날개
검은색과 흰색,
푸른색 점이 있어요.
어치
꼬리
검은색이에요.
다리
살구색이에요.

어치는…

산림 지역에서 번식해요. 곤충, 개구리, 식물성 열매 등 다양한 먹이를 먹는 잡식성이에요. 특히 가을에 밤과 도토리를 저장하였다가 겨울에 먹어요.

물까치는…

농가 주변의 나무와 덤불이 무성한 곳에 여럿이 함께 번식해요. 천적이 나타나면 울음소리를 내며 방어해요. 먹이는 양서류, 곤충 등을 다양하게 먹어요.

③ 날개 색깔이 달라요

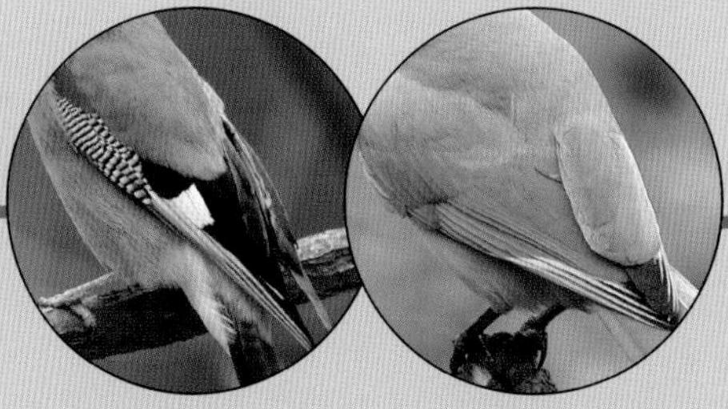

어치의 날개에는 검은색과 흰색, 푸른색 점이 있고,
물까치의 날개는 푸른색이고 끝은 흰색이에요.

④ 꼬리가 달라요

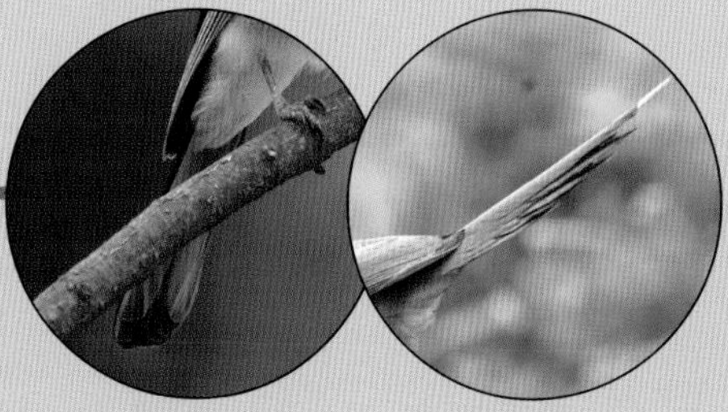

어치의 꼬리는 짧고 검은색이고,
물까치의 꼬리는 길고 푸른색이에요.

어린 모습

어린 물까치는 머리에
흰색 무늬가 있어
금방 눈에 띄어요.

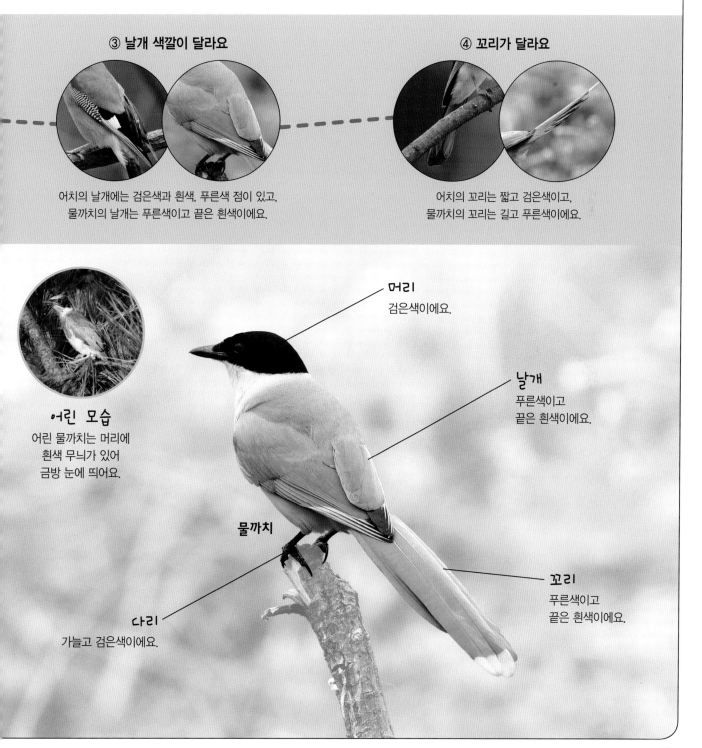

머리
검은색이에요.

날개
푸른색이고
끝은 흰색이에요.

물까치

꼬리
푸른색이고
끝은 흰색이에요.

다리
가늘고 검은색이에요.

물총새와 호반새

쌩~ 물총새는
빠르게 날아서 물속의
물고기를 잡아요!

물총새는 몸에 비해 머리가 크고 부리는 길고, 다리는 짧아요. 냇가나 하천변에서 앉아 있는 모습을 볼 수 있어요. 산림이 울창한 숲에서 생활하는 호반새는 아름다운 소리를 내요. 몸 전체가 주황색이고, 두껍고 큰 부리는 빨간색이에요.

비교해 보세요

① 부리 색깔이 달라요

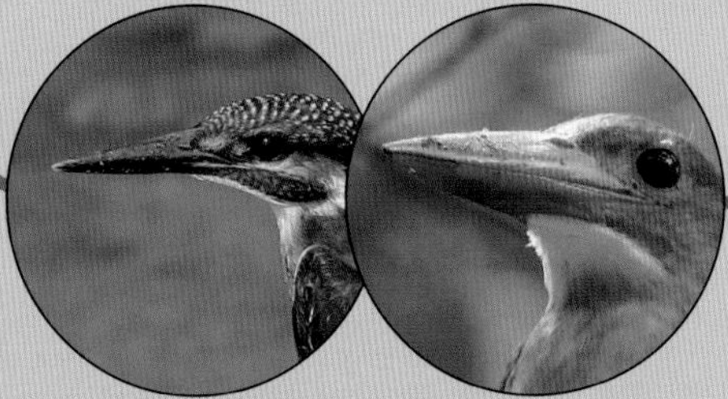

물총새의 부리는 가늘고 검은색이고,
호반새의 부리는 두툼하고 빨간색이에요.

② 머리 색깔이 달라요

물총새의 머리는 푸른색이고,
호반새의 머리는 주황색이에요.

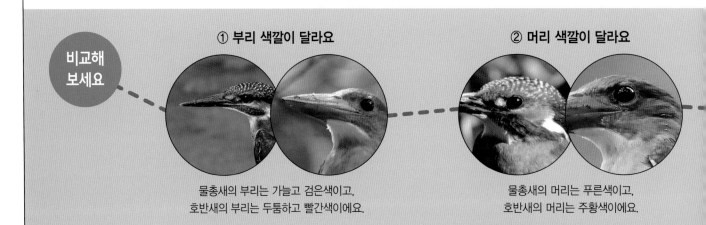

눈
검은색이고 앞쪽에
흰색 점이 있어요.
부리
가늘고 검은색이에요.
날개
푸른색이에요.
물총새
꼬리
짧고 푸른색이에요.
다리
짧고 주황색이에요.

물총새는…

냇가나 저수지 주변에서 살아요. 하천변의 흙 벼랑에 터널 모양으로 구멍을 파서 둥지를 만들어요. 주로 작은 물고기, 새우, 올챙이 등을 사냥해 먹어요.

호반새는…

산간 계곡, 호수 주변의 울창한 숲 속에 있는 나무 구멍에서 번식해요. 먹이는 곤충과 뱀, 가재, 개구리 등을 잡아 나무에 부딪쳐 기절시켜 먹어요.

③ 뺨 색깔이 달라요

물총새의 뺨에는 주황색 띠가 있고,
호반새의 뺨은 전체가 주황색이에요.

④ 꼬리가 달라요

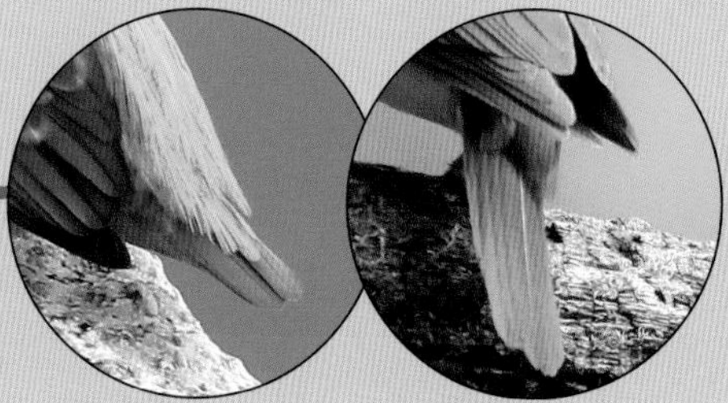

물총새의 꼬리는 짧고 푸른색이고,
호반새의 꼬리는 짧고 주황색이에요.

올빼미와 수리부엉이

올빼미와
수리부엉이는
밤에 활동해요.

올빼미는 낮에는 우거진 나뭇가지에 앉아 쉬다가 어두워지면 활동하는 야행성 맹금류예요. 야행성 맹금류 중 몸집이 가장 큰 수리부엉이는 몸 전체가 갈색이고 검은색 세로 줄무늬가 있어요.

비교해 보세요

① 둥지가 달라요

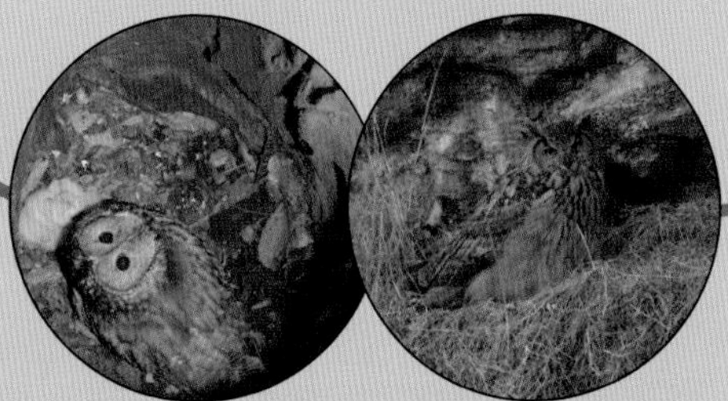

올빼미의 둥지는 나무 구멍에 있고,
수리부엉이의 둥지는 노출된 절벽에 있어요.

② 부리 색깔이 달라요

올빼미의 부리는 노란색을 띠는 살구색이고,
수리부엉이의 부리는 검은색이에요.

머리
귀깃이 없어요.
부리
노란색을 띠는
살구색이에요.
눈
검은색이에요.
발
발톱이 가늘고 짧아요.
올빼미
어린 모습
나무 구멍 속에서 새끼가
자라고 있어요.

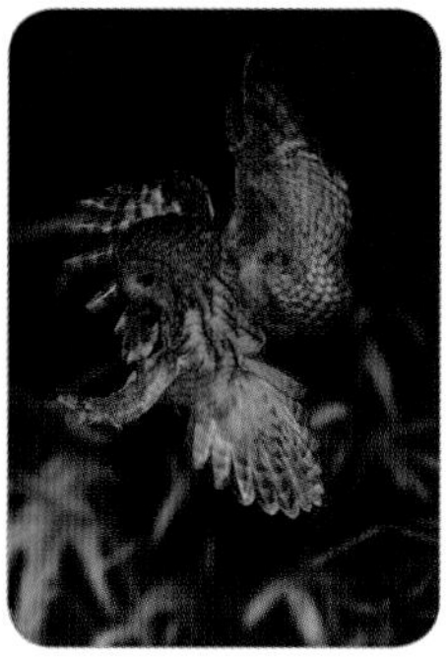

올빼미는…

산림의 숲 속이나 고목나무 구멍에서 번식해요. 3월 초에는 밤중에 '우우', '우후후' 하는 소리를 내요. 먹이는 쥐, 개구리, 작은 조류, 곤충 등을 먹어요.

수리부엉이는…

암벽이 많은 산림에 살아요. 먹이는 꿩, 오리, 쥐, 양서류 등을 먹어요. 둥지 주변에는 소화되지 않은 깃털이나 뼈를 토해 낸 것이 흩어져 있어요.

③ 머리에 귀깃이 있고 없어요

올빼미의 머리에는 귀깃이 없고,
수리부엉이의 머리에는 귀깃이 있어요.

④ 눈 색깔이 달라요

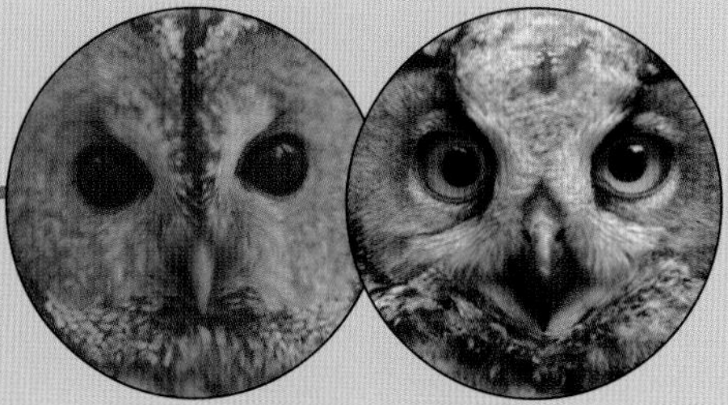

올빼미의 눈은 검은색이고,
수리부엉이의 눈은 노란색이에요.

머리
귀깃이 있어요.
눈
노란색이에요.
부리
크고 검은색이에요.
발
발톱이 크고 길어요.
수리부엉이

어린 모습
어린 새끼는 가느다란
갈색 솜털이 있어요.

큰고니와 혹부리오리

이마에 혹이 나와서
혹부리오리예요.

몸 전체가 흰색인 큰고니는 무리 속에서 가족 중심으로 생활해요. 부리는 노란색이고 끝은 검은색이에요. 부리가 붉은 혹부리오리는 번식기에는 이마에 혹이 나와요. 가슴에 황색 큰 줄무늬가 있어요.

비교해 보세요

① 부리가 달라요

큰고니의 부리는 노란색이며 끝은 검은색이고,
혹부리오리의 부리는 전체가 붉은색이에요.

② 머리 색깔이 달라요

큰고니의 머리는 흰색이고,
혹부리오리의 머리는 광택이 있는 검은색이에요.

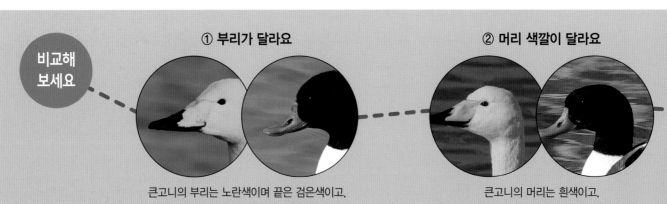

어린 모습
부리는 붉은빛이 있는
흰색이고 몸은 회색이에요.
1년 후에 어미와 같아져요.
머리
흰색이에요.
부리
노란색이고
끝은 검은색이에요.
몸
전체가
흰색이에요.
다리
검은색이에요.
큰고니

큰고니는…

수심이 낮은 강이나 저수지, 석호, 하구 등에서 살아요. 갈대 줄기, 뿌리, 풀뿌리를 주로 먹고, 갯벌에서는 우렁이, 조개, 해초 등을 먹고 살아요.

혹부리오리는…

간척지 주변이나 강의 하구에서 살아요. 갯벌에서 부리를 펄에 대고 훑으며 갑각류, 해조류를 잡아먹어요. 큰 무리를 이루며 생활해요.

③ 가슴 색깔이 달라요

큰고니의 가슴은 흰색이고,
혹부리오리의 가슴은 황색이에요.

④ 다리 색깔이 달라요

큰고니의 다리는 검은색이고,
혹부리오리의 다리는 붉은색이에요.

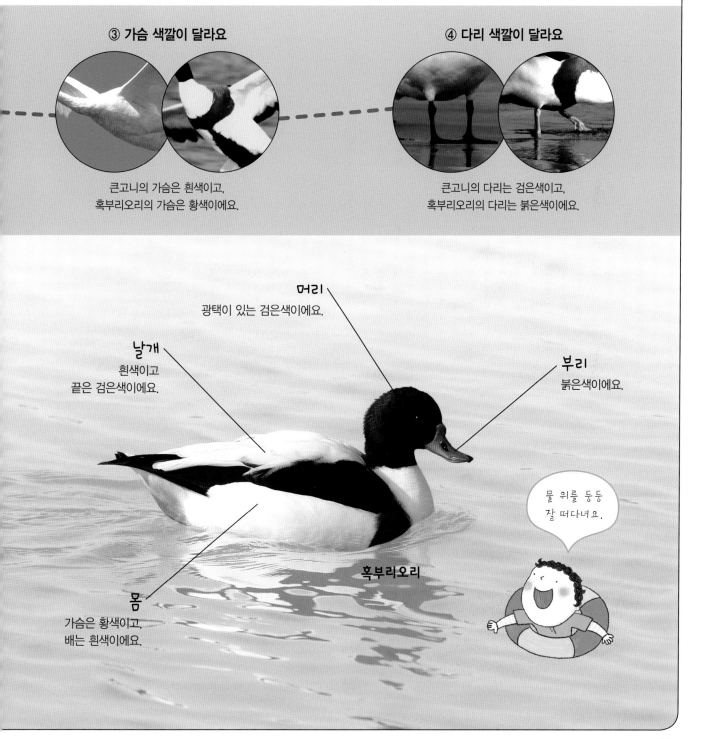

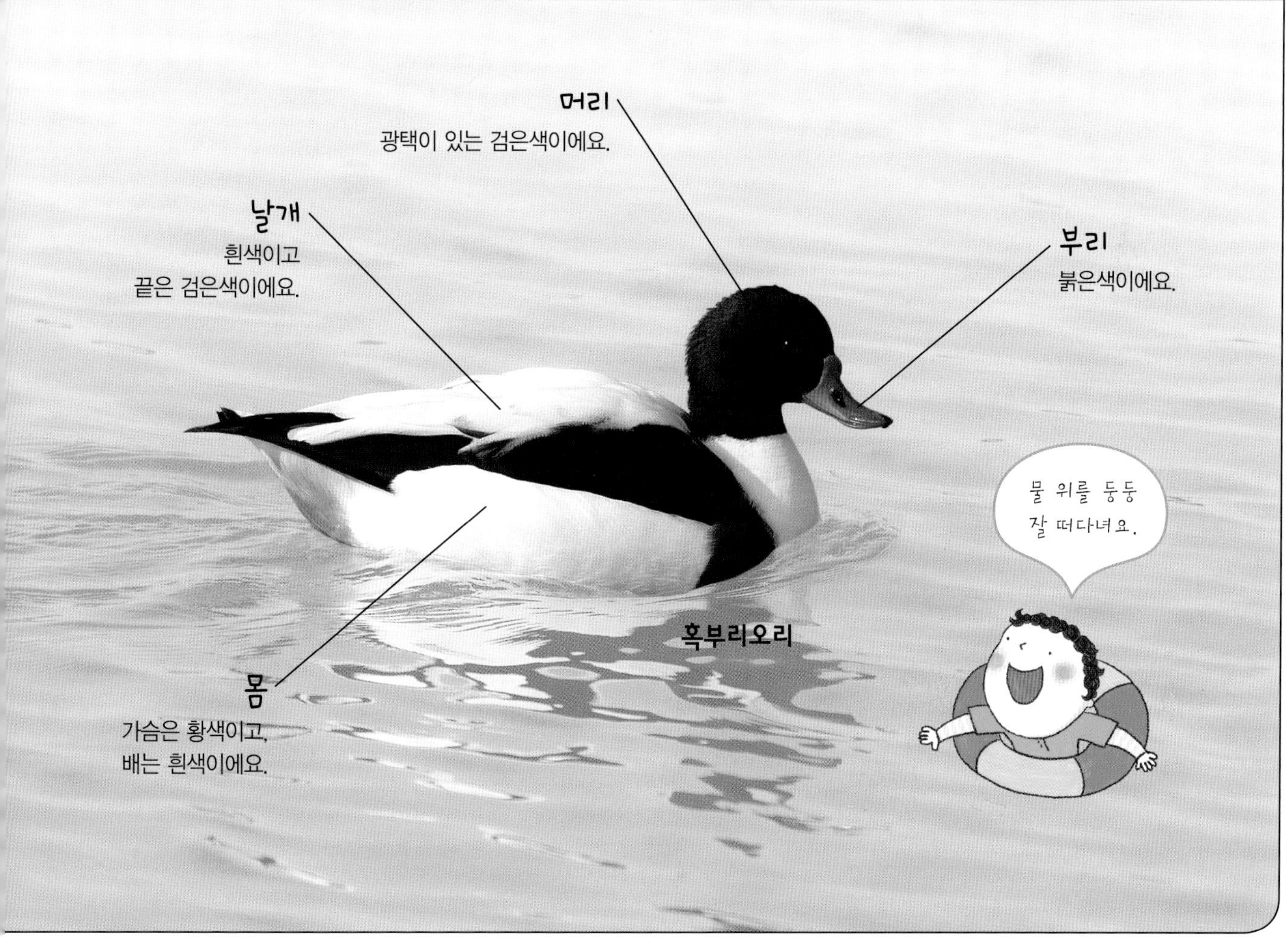
머리
광택이 있는 검은색이에요.
날개
흰색이고
끝은 검은색이에요.
부리
붉은색이에요.
혹부리오리
몸
가슴은 황색이고,
배는 흰색이에요.
물 위를 둥둥
잘 떠다녀요.

여름철새의 모습

번식을 하기 위해 우리나라에 찾아와 여름을 지내는 새를 여름철새라고 해요. 대개 봄이 시작될 무렵부터 오기 시작하여 번식을 하고 가을에 왔던 곳으로 다시 떠나요. 흔히 '강남 갔던 제비가 돌아온다'고 하는데, 제비가 바로 대표적인 여름철새예요. 그 외에도 꾀꼬리, 솔부엉이 등이 있어요.

꾀꼬리

검은댕기해오라기

노랑부리백로
(천연기념물 · 멸종위기종 1급)

깝작도요

새끼를 따뜻하게 품어 주어요.

붉은배새매
(천연기념물 · 멸종위기종 2급)

팔색조
(천연기념물 · 멸종위기종 2급)

후투티

덤불해오라기

내 부리
엄청 길지?

새호리기

흰눈썹황금새

솔부엉이
(천연기념물)

호랑지빠귀

청호반새

어서 먹고
쑥쑥 자라라~

큰유리새

파랑새

쇠찌르레기

겨울철새의 모습

겨울철새는 시베리아나 몽골 같은 곳에서 태어나 추위를 피하기 위해 찾아오는 새예요. 우리나라보다 북쪽의 겨울은 훨씬 춥고, 먹을 것이 없기 때문이에요. 겨울철새는 대부분 큰 강이나 바다, 간척지 같은 물가에서 무리 지어 살아가요. 우리나라에 오는 겨울철새는 대부분 고니류, 기러기류, 두루미류예요.

금눈쇠올빼미

길쭉한 몸이
내 매력이야~

흑두루미

(천연기념물 · 멸종위기종 2급)

나무발발이

개똥지빠귀

바다비오리

댕기물떼새

참수리

(천연기념물 · 멸종위기종 1급)

노랑지빠귀

노랑부리저어새
(천연기념물 · 멸종위기종 2급)

난 빨리 날면서
사냥을 해!

말똥가리

가창오리

재두루미
(천연기념물 · 멸종위기종 2급)

비오리

홍여새

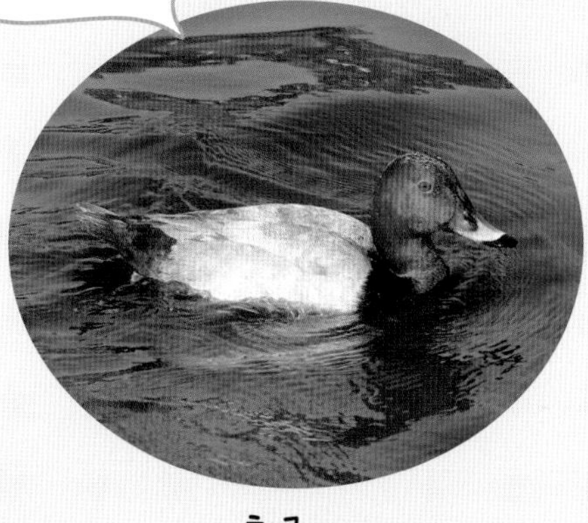
내 머리 색깔
멋지지?

흰죽지

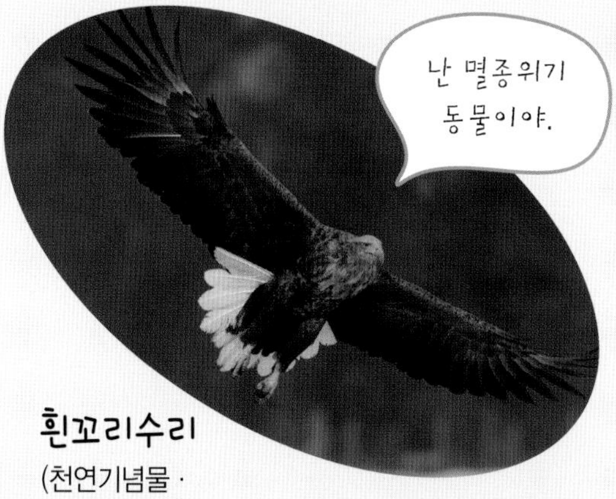
난 멸종위기
동물이야.

흰꼬리수리
(천연기념물 ·
멸종위기종 1급)

쇠부엉이
(천연기념물)

텃새와 나그네새의 모습

텃새는 일 년 내내 우리나라를 떠나지 않는 새랍니다. 텃새의 특징은 날개가 크지 않다는 것이에요. 날개가 크지 않아 오랜 시간 날갯짓을 해서 먼 거리를 이동할 수 없어요. 그래서 한 곳에 머물러 살 수밖에 없지요. 마을 주변에 사는 텃새는 참새, 까치, 때까치, 꿩 등이 있어요.

나그네새는 봄과 가을에 우리나라를 지나가는 새랍니다. 서해안 갯벌을 중간 휴게소처럼 이용하는 도요새, 물떼새가 대표적인 새예요. 그 외에도 중부리도요, 제비물떼새 등이 있어요.

텃새

꿩

검은머리물떼새
(천연기념물 · 멸종위기종 2급)

검은등할미새

굴뚝새

나무에 구멍 뚫기는
정말 쉬워~!

까막딱따구리
(천연기념물 · 멸종위기종 2급)

나그네새

긴발톱할미새

좀도요

유리딱새

난 여기저기
옮겨 다니며 살아.

물수리
(천연기념물 · 멸종위기종 2급)

호사도요
(천연기념물)

제비물떼새

중부리도요

알록달록 색깔이
화려해~

꼬까직박구리

장다리물떼새

흰꼬리딱새

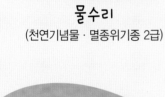

꼬까참새

글 · 사진 서정화

어려서부터 새를 좋아해 새를 찾아 전국을 누비며 새와 함께 생활하고 있습니다.
현재 야생조류 교육센터 그린새 대표와 푸른교육공동체 공동대표를 맡고 있으며,
숲 해설사, 생태공원 활동가 교육 및 지역 조류 모니터링을 하고 있습니다.
새를 비롯한 자연 생태 사진을 전문적으로 촬영하고 있습니다.
지은 책으로 《새들의 비밀》, 《새 노래하는 내 친구야》, 《한국의 야생조류 길잡이》, 《한국의 새 123》,
《갯벌의 이해와 교육》, 《한국조류생태도감》(전4권), 《살아 있는 생태박물관》 시리즈 등이 있습니다.

그림 류은형

서울과학기술대학교 조형예술학과를 졸업하였으며 교과서, 동화책, 학습지 등의 다양한 분야에서
왕성한 활동을 하고 있습니다. 아이들의 감성을 자극하는 아기자기하고 예쁜 그림들을 선보이고 있습니다.
그린 책으로 《어린이 식물 비교 도감》, 《어린이 물고기 비교 도감》, 《어린이 동식물 이름 비교 도감》,
《엉뚱한 공선생과 자연탐사반》, 《직업 스티커 도감》, 《세계 국기 스티커 도감》,
《처음 만나는 사자소학》, 《처음 만나는 명심보감》 등이 있습니다.

어린이 새 비교 도감

1쇄 – 2015년 11월 17일
4쇄 – 2021년 10월 10일
글 · 사진 – 서정화
그림 – 류은형
발행인 – 허진
발행처 – 진선출판사(주)
편집 – 김경미, 이미선, 권지은, 최윤선, 구연화
디자인 – 고은정, 김은희
총무 · 마케팅 – 유재수, 나미영, 김수연, 허인화
주소 – 서울시 종로구 삼일대로 457 (경운동 88번지) 수운회관 15층
전화 (02)720-5990 팩스 (02)739-2129
홈페이지 www.jinsun.co.kr
등록 – 1975년 9월 3일 10-92

※ 책값은 뒤표지에 있습니다.

ISBN 978-89-7221-928-6 64400
ISBN 978-89-7221-826-5 (세트)

진선아이는 진선출판사의 어린이책 브랜드입니다.
마음과 생각을 키워 주는 책으로 어린이들의 건강한 성장을 돕겠습니다.